Guido Reger · Marian Beise · Heike Belitz

Innovationsstandorte multinationaler Unternehmen

Internationalisierung technologischer Kompetenzen in der Pharmazeutik, Halbleiter- und Telekommunikationstechnik

Mit 28 Abbildungen
und 29 Tabellen

Springer-Verlag Berlin Heidelberg GmbH

Prof. Dr. Guido Reger
Fraunhofer-Institut für
Systemtechnik und Innovationsforschung (ISI)
Breslauer Str. 48
D-76139 Karlsruhe

Dipl.-Ing. Marian Beise
Zentrum für Europäische Wirtschafts-
forschung GmbH
Industrieökonomik und internationale
Unternehmensführung
L7, 1
D-68161 Mannheim

Dr. Heike Belitz
Deutsches Institut für Wirtschafts-
forschung
Königin-Luise-Str. 5
D-14195 Berlin

Die Deutsche Bibliothek – CIP-Einheitsaufnahme
Reger, Guido: Innovationsstandorte multinationaler Unternehmen: Internationalisierung technologischer Kompetenzen in der Pharmazeutik, Halbleiter- und Telekommunikationstechnik; 29 Tabellen / Guido Reger; Marian Beise; Heike Belitz. – Heidelberg: Physica-Verl., 1999
(Technik, Wirtschaft und Politik; Bd. 37)
ISBN 978-3-7908-1225-1 ISBN 978-3-642-58651-4 (eBook)
DOI 10.1007/978-3-642-58651-4

Ursprünglich erschienen bei Physica-Verlag Heidelberg 1999

Umschlaggestaltung: Erich Kirchner, Heidelberg
SPIN 10731742 88/2202-5 4 3 2 1 0 – Gedruckt auf säurefreiem Papier

Vorwort

"Globalisierung" oder "techno-globalism" sind in den wissenschaftlichen, politischen und öffentlichen Debatten in aller Munde. Oft wird hierbei vergessen, daß die Globalisierung für betriebliche Funktionen, Länder, Regionen, Branchen oder Technologien höchst unterschiedlich verlaufen kann. Die Internationalisierung der Forschung und Entwicklung (FuE) oder die Generierung neuer Technologien im Ausland "hinkt" in den Unternehmen deutlich hinter den anderen Betriebsfunktionen her. Zudem erfolgt der weitaus größte Teil der FuE-Aktivitäten und der Entwicklung neuen technologischen Wissens in den Triade-Regionen Nordamerika, Japan und Westeuropa. Wir sprechen daher in diesem Buch eher vorsichtig von der "Internationalisierung von Forschung und Entwicklung" und nicht von der Globalisierung (im Sinne eines gleichermaßen weltweiten Trends).

Ausmaß und Dynamik der Internationalisierung von Forschung und Entwicklung ist je nach Größe oder Ressourcen eines Landes oder einer Region unterschiedlich. Unternehmen kleiner Länder (z.B. aus der Schweiz) haben auch ihre FuE-Aktivitäten frühzeitig in hohem Umfang im Ausland aufgebaut, während die Firmen aus großen Ländern mit entsprechenden Ressourcen (z.B. Japan, USA) eher heimatlandorientiert sind. Zudem gibt es Technikfelder, in denen die dort aktiven Unternehmen überdurchschnittlich ihre Forschung und Entwicklung internationalisiert haben (wie in der Pharmazeutik) oder in denen (noch) eine Orientierung auf den Binnenmarkt vorherrscht (wie etwa in der Telekommunikationstechnik).

Unsere Studie wollte gerade diese Unterschiede, insbesondere hinsichtlich der Technikfelder, herausarbeiten: Welche Triebkräfte wirken auf die Internationalisierung der FuE, und wie unterscheidet sich das Gewicht dieser Einflußfaktoren je nach Technologie? Im Mittelpunkt stehen hierbei große Unternehmen, die bereits andere betriebliche Funktionen internationalisiert haben. Diese multinationalen Unternehmen sind die wichtigsten Akteure bei der Internationalisierung und geben sich nicht mehr damit zufrieden, Innovationen nur im Stammland und in der Nähe der Zentrale zu generieren. Methodisch lag der Reiz dieser empirischen Arbeit für uns – einem Team aus Volkswirten, Betriebswirten, Ingenieuren und Sozialwissenschaftlern – in der Nutzung möglichst vieler verschiedener Instrumente.

Dieses Buch basiert auf der Studie "Internationalisierung industrieller FuE in ausgewählten Technikfeldern", die vom damaligen Bundesministerium für Bildung, Wissenschaft, Forschung und Technologie (BMBF) gefördert wurde. Für den Inhalt sind die Autoren jedoch allein verantwortlich. Für die Betreuung aus dem Ministerium möchten sich die Autoren bei Herrn Beyer, Leiter des Referats "Ökonomische Analysen, sozial- und finanzpolitische Bezüge, Technikfolgenabschätzung" im BMBF bedanken. Vor allem haben wir den mehr als 50 Interviewpartnern aus den Unternehmen zu danken, ohne deren Gesprächsbereitschaft unsere Fallstudien in der Pharmazeutik, Halbleiter- und Telekommunikationstechnik nicht durchführbar gewesen wären.

Die Internationalisierung von Forschung und Technologie ist gerade in den 80er Jahren vorangeschritten und hat eine neue Verteilung der Kompetenzen für bestimmte Technikbereiche in multinationalen Unternehmen bewirkt. Die Gespräche mit den Unternehmen haben klar gemacht, daß auch in der Zukunft kein Ende dieses Trends abzusehen ist. Wir sind uns bewußt, daß die im Text getroffenen Aussagen nicht in jeder Hinsicht auf dem aktuellsten Stand sind. Dazu verlaufen sowohl die FuE-Internationalisierung und die technologische Entwicklung als auch Unternehmensübernahmen und –zusammenschlüsse zu dynamisch. Mit der Veröffentlichung dieses Buchs wollen die Autoren die dynamische Entwicklung für einen Moment festhalten und einen Beitrag für eine konzeptionelle Vorgehensweise leisten. Weitere systematische Arbeiten sind notwendig und müssen folgen.

Karlsruhe, März 1999

Guido Reger

Inhaltsverzeichnis

Autoren und Autorinnen

Marian Beise

Wissenschaftlicher Mitarbeiter am Zentrum für Europäische Wirtschaftsforschung (ZEW) im Forschungsbereich Industrieökonomik und Internationales Management in Mannheim und am Institut für Angewandte Betriebswirtschaftslehre und Unternehmensführung (IBU) an der Universität Karlsruhe. Studium des Wirtschaftsingenieurwesens an der TU Berlin. Gutachtertätigkeit für das Bundesministerium für Bildung und Forschung. Forschungsschwerpunkte: Bewertung nationaler Innovationssysteme, Technologietransfer von öffentlich finanzierten Forschungseinrichtungen, Internationale Unternehmensstrategien.

Heike Belitz

Wissenschaftliche Mitarbeiterin am Deutschen Institut für Wirtschaftsforschung (DIW) in Berlin in der Abteilung Industrie und Technologie seit 1991. Leitung und Mitarbeit in Projekten für die Bundesministerien für Bildung und Forschung sowie Wirtschaft und Technologie, die Europäische Kommission, die OECD, die Deutsche Forschungsanstalt für Luft- und Raumfahrt und das Bundesumweltamt. Studium der Wirtschaftsinformatik und Abschluß als Diplom-Ökonomin an der Hochschule für Ökonomie in Berlin; Promotion dort 1986. Wissenschaftliche Mitarbeiterin im Bereich Innovationsforschung am Institut für Theorie, Geschichte und Organisation der Wissenschaften an der Akademie der Wissenschaften in Berlin von 1984 bis 1991. Arbeitsgebiete: Internationalisierung von Forschung und Entwicklung in Unternehmen und Standortentwicklung, Technologische Leistungsfähigkeit von Volkswirtschaften, Innovationsverhalten von Unternehmen, Ökonomische Wirkungen neuer Technologien, Evaluation von Forschungs- und Technologiepolitik.

Sybille Hinze

Wissenschaftliche Mitarbeiterin im Bereich Evaluation der Forschung und Forschungspolitik der Research School for Social Sciences an der Australian National University in Canberra. 1990 bis 1997 Mitarbeiterin am Fraunhofer-Institut für Systemtechnik und Innovationsforschung (ISI) in Karlsruhe in der Abteilung Innovationen in der Biotechnologie. 1997 Promotion an der Rijksuniversität Leiden, Niederlande. Studium der Wissenschaftstheorie und -organisation an der Humboldt-Universität zu Berlin. Arbeitsgebiete: quantitative Verfahren, Bibliometrie, Patentanalysen, Forschungsevaluation, Innovationsprozesse in der Pharmaindustrie.

Guido Reger

Professor für Betriebswirtschaftslehre und Innovationsmanagement im Fachbereich Wirtschaft an der Fachhochschule für Technik und Wirtschaft in Brandenburg. 1991 bis 1998 Mitarbeiter beim Fraunhofer-Institut für Systemtechnik und Innovationsforschung (ISI) in Karlsruhe und Leitung von Projekten für Bundesministerien, Dienststellen der

Europäischen Kommission, OECD, andere internationale Organisationen und multinationale Unternehmen. Promotion an der Universität St. Gallen im Bereich Betriebswirtschaftslehre und Technologiemanagement. Interdisziplinäres Studium in Hamburg mit Abschluß Diplom-Volkswirt und Diplom-Sozialökonom. Arbeitsgebiete: Technologiemanagement, FuE-Management, Innovationsstrategien und -verhalten von Unternehmen, Management internationaler Innovationsprozesse, Konzeption, Gestaltung und Bewertung der Technologiepolitik.

Ulrich Schmoch

Stellvertretender Leiter der Abteilung "Technikbewertung und Innovationsstrategien" am Fraunhofer-Institut für Systemtechnik und Innovationsforschung (ISI) in Karlsruhe und Leiter von zahlreichen Projekten für Bundesministerien, Länderministerien, die Europäische Kommission und andere internationale Organisationen sowie Unternehmen. 1983 bis 1985 Mitarbeiter in einem Patentanwaltsbüro in Wuppertal. Maschinenbaustudium in Grenoble und Hannover mit Abschluß Diplom-Ingenieur. Sozialwissenschaftliche Promotion an der Universität Hannover. Arbeitsgebiete: Patentwesen, Technologie- und Wissenschaftsindikatoren, Technologiegenese, Modelle des Innovationsprozesses, Technologietransfer.

I. Einleitung: Internationalisierung und Konzentration der Innovationsaktivitäten
(Guido Reger)

1. Trends der Internationalisierung: Forschungsfragen und -ziele

Die Internationalisierung von Forschung und Technologie umfaßt drei verschiedene Kategorien von Prozessen:[1]

(1) *Die internationale Verwertung von Technologien, die auf nationaler Ebene entwickelt wurden*: Die Unternehmen versuchen, ihre Technologien international zu verwerten durch Exporte innovativer Produkte, Auslandsproduktion oder Lizenzvergaben. Es handelt sich hier um die Diffusion neuer Technologien ins Ausland und nicht um die Neuentwicklung im Ausland.

(2) *Die internationale technologiebezogene Zusammenarbeit von Partnern in mehr als einem Land zur Entwicklung von Know-how und Innovationen.* Hierbei behält jeder Partner seine institutionelle Identität. Diese technologiebezogenen Kooperationen können sowohl zwischen Unternehmen als auch zwischen Unternehmen und Universitäten/ Forschungseinrichtungen oder zwischen Universitäten und Forschungseinrichtungen erfolgen. Instrumente hierfür sind gemeinsame FuE-Projekte, Austausch von technischen Informationen, Joint Ventures, strategische Allianzen, Austausch von Wissenschaftlern oder Studenten.

(3) *Die internationale Generierung von Innovationen*: Träger hier sind vor allem multinationale Unternehmen, die über nationale Grenzen hinweg Innovationen in Ländern jenseits des Stammlands generieren. Dazu zählen grenzüberschreitende FuE-Projekte oder länderübergreifender Personalaustausch innerhalb des Konzerns, der Erwerb von ausländischen FuE-Einheiten und die Neugründung von FuE-Labors im Ausland ("Greenfield R&D").

Für alle drei Kategorien ist empirisch eine quantitative Zunahme der Internationalisierung festzustellen.[2] Dieses Buch beschäftigt sich vor allem mit der dritten Kategorie, und zwar mit der internationalen Generierung von Innovationen in multinationalen Unternehmen. Denn hier sind nicht nur quantitative sondern auch qualitative Veränderungen der Internationalisierungsprozesse zu beobachten.

---

1 Vgl. Archibugi, Michie (1995), Archibugi, Iammarino (1997).

2 Eine ausführliche Darstellung der empirischen Entwicklungen in den drei Kategorien der Internationalisierung von Forschung und Technologie findet sich auf der Basis einer Auswertung empirischer Studien in Commission of the European Communities (CEC) (1998).

Das Ausmaß der Internationalisierung von Forschung und Entwicklung (FuE) ist sowohl im Bereich der Grundlagenforschung wie auch in der industriellen FuE seit Beginn der 80er Jahre vorangeschritten. Forschung und Technologie ist heute im Hinblick auf Akteursgruppen, Anbieter, Wettbewerber und Anwendungsfelder hochgradig international. Die großen Firmen haben in einer ersten Phase der Internationalisierung in den 60er und 70er Jahren zunächst Vertriebs- und Produktionsstrukturen in verschiedenen Ländern aufgebaut. In einer zweiten Phase war man anschließend bestrebt, die Marktdurchdringung der Tochtergesellschaften im Ausland durch entsprechende lokale Anpassungsentwicklung zu unterstützen. Blieben Entwicklungsabteilungen im Ausland anfänglich noch darauf beschränkt, Produkt- und Prozeßtechnologien aus dem Stammland auf lokale Produktions- und Absatzbedürfnisse hin zu adaptieren, so hat seit Mitte der 80er Jahre ein deutlich erkennbarer Trend zur Kompetenzerweiterung und Stärkung ausländischer FuE eingesetzt. In zunehmendem Maße wird auch in ausländischen Niederlassungen Forschung auf hohem Niveau betrieben.

International tätige und FuE-intensive Konzerne spielen eine Schlüsselrolle bei der Generierung und Verbreitung neuen technologischen Wissens, ihre Strategien haben sich in den letzten Jahren wesentlich verändert. Die führenden FuE-treibenden internationalen Unternehmen verfolgen die Strategie, mit FuE dort präsent zu sein, wo in ihrem Produktsegment bzw. Technologiefeld die weltweit besten Bedingungen für Innovation und Wissensgenerierung erfüllt sind. Die Technologien, die einen hohen Einfluß auf Markterfolg und Differenzierung gegenüber Konkurrenten sowie eine breite potentielle Anwendung in vielen Produkten des Konzerns besitzen, wurden in der Vergangenheit vorzugsweise am Stammsitz und in der Nähe des "Headquarters" gehalten.

Obwohl viele internationalen Unternehmen noch immer diese Strategie verfolgen, zeigt eine Studie in 21 multinationalen Firmen, daß Umdenkungsprozesse im Gange sind (vgl. Gerybadze, Meyer-Krahmer, Reger 1997): Die zunehmende Internationalisierung von Forschung und Produktentwicklung wird mit einer selektiven Auswahl von wenigen FuE-Standorten und der Konzentration der Innovationsaktivitäten auf wenige Spitzenzentren verbunden. Innerhalb der Unternehmen erfolgt eine Festlegung auf möglichst nur ein weltweites Kompetenzzentrum pro Produktgruppe oder Technologiefeld. Die anhaltende Internationalisierung ist folglich gleichzeitig mit einer Fokussierung und strategischen Schwerpunktsetzung der Technologiegenerierung verbunden. Oft siedeln mehrere Unternehmen ihre Kompetenzzentren in der selben Region an, die etwa durch führende Forschung oder dynamische Märkte bereits die Aufmerksamkeit von Wissenschaftlern und Top-Managern auf sich gezogen hat. Vor dem Hintergrund der Herausbildung dieser regionalen Agglomerationszentren dürfte der Wettbewerb zwischen den regionalen bzw. nationalen Innovationssystemen daher zunehmen.

Verschiedene Untersuchungen kommen zu dem Ergebnis,[3] daß das Ausmaß der Internationalisierung von Forschung und Entwicklung zum einen wesentlich von den Ressourcen bzw. der Größe des Heimatlands beeinflußt wird: Große Unternehmen aus westeuropäischen Ländern, insbesondere aus kleinen Ländern wie z.B. der Schweiz, den Niederlanden oder Belgien, haben ihre FuE wesentlich früher und stärker internationalisiert als die Konzerne aus den USA oder aus Japan (vgl. Abb. I.1-1). Innerhalb der Triade-Regionen haben die japanischen Firmen mit Abstand ihre FuE-Aktivitäten am wenigsten internationalisiert.

Abbildung I.1-1: Auslandsanteil der Forschung und Entwicklung in ausgewählten Unternehmen in Westeuropa, USA und Japan

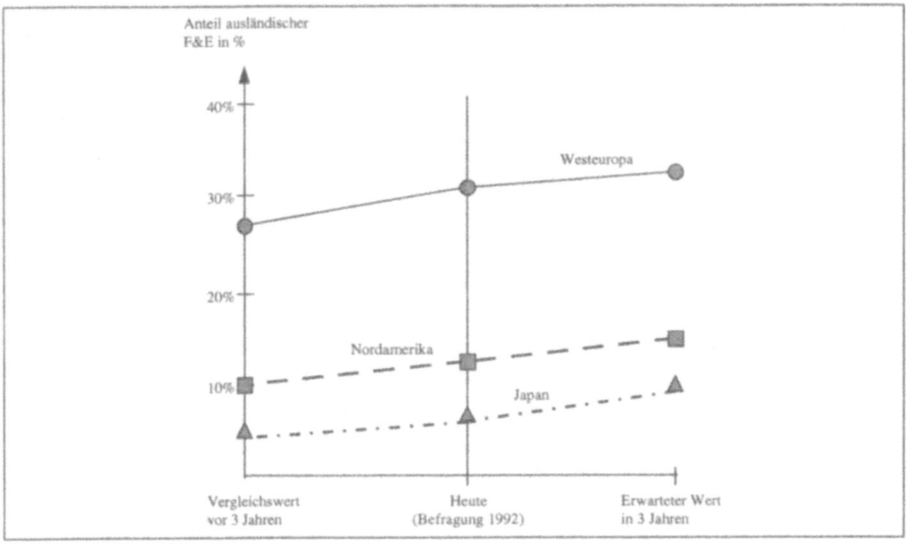

Quelle: Ergebnisse einer Umfrage unter 95 Konzernen (vgl. Roberts 1995a, 55)

Zum zweiten ist das Ausmaß der FuE-Internationalisierung vom jeweiligen Technikfeld beeinflußt: Tabelle I.1-1 zeigt diese Unterschiede für sechs hochinternationalisierte Technikfelder gemessen an den Patentanmeldungen am US-Patentamt der 359 umsatzstärksten Unternehmen weltweit. Europäische Firmen im Bereich Konsumgüter haben hier ihre FuE-Aktivitäten am höchsten internationalisiert, gefolgt von den Bereichen Chemie/ Pharma, Prozeßtechnologie, Elektrotechnik/ Elektronik, Maschinenbau/ Transport und Instrumente/ Steuergeräte.[4]

3 Vgl. z.B. Beise, Belitz (1997), CEC (1998), Florida (1997), Gerybadze, Meyer-Krahmer, Reger (1997), Gerybadze, Reger (1998), OECD (1996, 1997b), Patel, Pavitt (1992), Patel, Vega (1997), Roberts (1995a, 1995b).

4 Die Ergebnisse sind bei der Verwendung anderer Analysemethoden und nach Ländern unterschiedlich. Wenn beispielsweise die Anzahl der ausländischen FuE-Einheiten in den USA gezählt werden, dann ist die Pharmazeutik, Chemie/ Werkstoffe und Elektronik am stärksten

Tabelle I.1-1: Anteil der Technologieaktivitäten der 359 weltweit größten Firmen außerhalb ihres Heimatlands, gemessen an Patentanmeldungen am US-Patentamt (1990-94)

Patente mit Herkunft Ausland (1990-94) in %	**Nationalität**					
Technikfeld	**Japan**	**USA**	**Europa**	**FRA**	**DEU**	**GBR**
Konsumgüter	1,3	5,9	37,8	36,4	28,0	75,6
Chemie/ Pharma	3,0	7,3	25,3	26,7	23,4	47,5
Prozeßtechnologie	3,6	6,0	23,4	24,6	22,4	52,2
Elektrotechnik/ Elektronik	1,6	6,9	20,4	45,9	19,3	36,1
Maschinenbau/ Transport	2,1	10,5	18,7	25,9	13,6	54,1
Instrumente/ Steuergeräte	1,3	6,9	16,4	23,6	13,7	48,5

Ouelle: Patel, Vega (1997, 10)

Die Resultate verschiedener Studien haben das Bundesministerium für Bildung und Forschung (BMBF) dazu bewogen, eine Untersuchung in Auftrag zu geben, die den Trend der "Internationalisierung industrieller Forschung und Entwicklung in ausgewählten Technologiefeldern" genauer betrachtet. Damit Politikmaßnahmen effektiv wirksam werden können, müssen unterschiedliche Einflußfaktoren und deren Gewichte bekannt sein. Im Mittelpunkt dieser Analyse stehen dabei der räumliche Zusammenhang zwischen Markt, Produktion und FuE, die Gründe für die Herausbildung von FuE- und Kompetenzzentren multinationaler Unternehmen außerhalb des Heimatlands sowie die möglichen Konsequenzen für die technologische Spezialisierung Deutschlands und die Technologiepolitik. Die Studie sollte für drei ausgewählte Schlüsseltechnologien – Pharmazeutik, Halbleitertechnologie und Telekommunikationstechnik - folgende Forschungsfragen beantworten:

- Wie hat sich die Internationalisierung von Forschung und Entwicklung in den ausgewählten Schlüsseltechnologien in den vergangenen Jahren entwickelt?
- Was sind die Bestimmungsgründe der Standortwahl und -entwicklung von international tätigen Unternehmen in FuE?
- Wie und nach welchen Kriterien sind die (technologischen) Kompetenzen in den ausgewählten Unternehmen verteilt?
- Welche Konsequenzen ergeben sich aus der Internationalisierung von FuE und der Bildung von Kompetenzzentren für die Spezialisierung Deutschlands in diesen Schlüsseltechnologien?
- Welche Faktoren fördern oder beeinträchtigen die Attraktivität des FuE-Standorts Deutschland für international tätige Unternehmen?

---

vertreten (vgl. Dalton, Serapio 1995). Werden die FuE-Einheiten japanischer Firmen betrachtet, dann sind die am meisten internationalisierten Firmen die Pharmazeutik, Elektronik und Automobil (vgl. Odagiri, Yasuda 1996, 1062).

- Welche Chancen ergeben sich in den ausgewählten Technikfeldern zugunsten des deutschen Standorts?
- Mit welchen bildungs- und forschungspolitischen Maßnahmen kann eine Ansiedlung ausländischer FuE-Einheiten in Deutschland unterstützt werden?

Die Ergebnisse dieser Untersuchung, die für dieses Buch überarbeitet wurden, zeigen, daß seit Beginn der 90er Jahre eine Neuausrichtung der FuE-Aktivitäten großer Unternehmen beobachtet werden kann. Diese hat deutliche Auswirkungen auf das nationale Innovationssystem der Bundesrepublik sowie die Spielräume der Forschungs- und Technologiepolitik. Denn mit der Ansiedlung ausländischer FuE und der Bildung von Kompetenzzentren im Inland kann sich für den deutschen Standort die Chance bieten, sowohl zu einer Komplettierung des Wissens in Schlüsseltechnologien als auch zur Sicherung hochqualifizierter Arbeitsplätze beizutragen. Auf der anderen Seite können andere führende regionale Agglomerationszentren FuE-Investitionen in so hohem Maße anziehen, daß etwa – wie am Beispiel der Pharmazeutik in Deutschland gezeigt wird – die FuE-Investitionen aus dem Ausland den Fluß von FuE-Aktivitäten ins Ausland nicht mehr kompensieren können.

2. Vorgehensweise und Methoden

Für die Analyse wurden folgende drei Technikbereiche ausgewählt:

(1) Pharmazeutik an der Schnittstelle zur Biotechnologie,

(2) Halbleitertechnologie und

(3) Telekommunikationstechnik.

Kennzeichen dieser Schlüsseltechnologien sind ein international starkes Marktwachstum, eine hohe Fülle technologischer Möglichkeiten (zum Teil trotz reifer Phase der Technik) und eine hohe Profiterwartung in der jeweiligen Industrie. Die Auswahl dieser drei strategischen Technologien war zum einen auf aktuellen Beratungsbedarf der Technologiepolitik gegründet. Zum anderen können anhand dieser Beispiele unterschiedliche Entwicklungen im Spezialisierungsmuster und der Internationalisierung von FuE demonstriert werden. Denn alle drei Bereiche unterscheiden sich durch die aktuellen Markt- und Technologieentwicklungen. Die Auswahl unterstützt daher die Interpretation der Internationalisierungsmuster im Kontext von Markt, Produktion und FuE.

In den ausgewählten Technikgebieten spielen international tätige Konzerne eine herausragende Rolle für die technologische Leistungsfähigkeit der Bundesrepublik. Im Mittelpunkt stand daher die unternehmensbezogene Analyse der FuE-Aktivitäten der fünfzehn wichtigsten in diesen Technikfeldern agierenden Unternehmen in deutschem und ausländischem Kapitalbesitz, die sowohl in der Bundesrepublik als auch im Ausland Forschung und Entwicklung durchführen. Folgende Methoden wurden eingesetzt (vgl. auch Tab. I.2-1):

(1) *Patentanalyse auf Ebene von Ländern:* Die Analyse der technologischen Spezialisierung der Industrieländer in den ausgewählten Technikfeldern erfolgte durch eine Auswertung von Patentanmeldungen am Europäischen Patentamt (EPA). Die Patentanalyse diente dazu, die Unterschiede in den Spezialisierungsvorteilen und den technologischen Kompetenzen der verschiedenen Standorte zu zeigen. Für die drei Zeiträume 1983-86, 1987-90 und 1991-94 wurden für die drei ausgewählten Technikfelder jeweils vier weitere Untergebiete definiert. Die Patentanmeldungen wurden regional für zwölf Länder der Europäischen Union, für die Schweiz, die USA und Japan ausgewiesen.

(2) *Patentanalyse auf Unternehmensebene:* Für je 16 Unternehmen in den drei ausgewählten Bereichen (insgesamt 48 Firmen) wurde eine Patentanalyse ebenfalls für die drei Zeiträume 1983-86, 1987-90 und 1991-94 durchgeführt. Für diese drei Zeiträume, die oben genannten Länder und die vier Untergebiete für jedes Technikfeld wurden die Patentanmeldungen am EPA nach Prioritätsjahr und Land des Erfinders ermittelt, die vom jeweiligen Unternehmen angemeldet wurden.

(3) *Auswertung von Sekundärstatistiken:* Zur Beschreibung der Trends der Internationalisierung der FuE multinationaler Unternehmen wurden als Informationsquellen das Mannheimer-Innovations-Panel (MIP) des ZEW, die JETRO-Daten zu den FuE-Aktivitäten japanischer Unternehmen in Europa, Daten des US Department of Commerce zu FuE-Direktinvestitionen von US-Firmen in Deutschland und deutscher Firmen in den USA sowie Daten der OECD ausgewertet.

(4) *Unternehmensinterviews:* In bis zu 13 Unternehmen je Technikfeld wurden Gespräche mit FuE-Leitern durchgeführt. Die Interviews erfolgten in der Regel in FuE-Einheiten in Deutschland. In einigen Fällen konnten auch zusätzlich Gespräche mit FuE-Labors von Pharmaunternehmen in den USA geführt werden. Zudem wurde öffentlich zugängliches Material wie Artikel in Fachzeitschriften, Geschäftsberichte und Broschüren als Hintergrundmaterial für die Interviews ausgewertet.

Zusammenfassend ergibt sich für die einzelnen Forschungsfragen und die eingesetzten Methoden eine Matrix, die in Tabelle I.2-1 dargestellt ist. Die verschiedenen Methoden (Interviews, Patentanalyse, Auswertung vorhandener Untersuchungen und Sekundärstatistiken) spielen für die Beantwortung der einzelnen Fragestellungen eine unterschiedliche Rolle. Der Ansatz des Projekts bestand gerade darin, unterschiedliche Methoden und Informationsquellen heranzuziehen, um die Nachteile einzelner Instrumente auszugleichen und ein möglichst vollständiges Bild der Internationalisierung industrieller Forschung und Entwicklung zu vermitteln.

Tabelle I.2-1: Matrix Forschungsfragen und eingesetzte Methoden

Forschungsfragen	**Patentanalyse**	**Auswertung von Sekundär-statistiken**	**Interviews in Firmen**
Trends der Internationalisierung der FuE	***	**	**
Internationalisierung und technologische Spezialisierung	***	*	**
Faktoren der FuE-Standortwahl	---	*	***
Attraktivität des FuE-Standorts Deutschland	*	*	***
Etablierung von Kompetenzzentren	**	---	***

*** = sehr hohe Bedeutung als Untersuchungsinstrument;
** = hohe Bedeutung als Untersuchungsinstrument;
* = geringe Bedeutung als Untersuchungsinstrument.

Im folgenden Kapitel II werden die Trends der Internationalisierung von Forschung und Entwicklung auf der Ebene der drei ausgewählten Schlüsseltechnologien anhand einer statistischen Patentrecherche und der Auswertung sekundärstatistischer Daten dokumentiert. In den darauf folgenden Kapiteln wird in drei Fallstudien eine unternehmensbezogene Sichtweise gewählt: Kapitel III analysiert die Internationalisierung technologischer Kompetenzen von Unternehmen in der Pharmazeutik, Kapitel IV in der Halbleitertechnologie und Kapitel V in der Telekommunikationstechnik. Schlußfolgerungen für die Bildungs- und Technologiepolitik werden in Kapitel VI gezogen.

II. Trends der Internationalisierung in ausgewählten Schlüsseltechnologien

(Marian Beise, Heike Belitz, Guido Reger, Ulrich Schmoch)

In diesem Kapitel werden Trends der Internationalisierung der FuE-Aktivitäten multinationaler Unternehmen für die drei ausgewählten Technikbereiche beschrieben. Quellen hierfür sind eine statistische Patentanalyse und die Auswertung sekundärstatistischer Daten, die vor allem auf der Ebene einzelner Branchen bzw. Technologien wenig verfügbar sind. Damit sollen zum einen die Unterschiede und Gemeinsamkeiten der Technikbereiche und zum anderen Aussagen zu Stand und Entwicklung der Internationalisierung von FuE in den Technikfeldern herausgearbeitet werden. Die Ergebnisse der statistischen Untersuchungen bilden so den Hintergrund für die Interviews in den Unternehmen. Sie erlauben die Wertung und Einordnung der Informationen und Einschätzungen aus den einzelnen Unternehmen, die ihrerseits über die statistischen "Lücken" hinausgehen.

Das Kapitel ist in zwei Abschnitte geteilt: einen standortbezogenen und einen unternehmensbezogenen Teil. Im ersten Abschnitt (Kapitel 1) wird die Verteilung technologischer Kompetenzen in den Industrieländern in den ausgewählten Schlüsseltechnologien anhand einer Patentanalyse gezeigt. Diese Untersuchung dient dazu, die Unterschiede in den Spezialisierungsvorteilen der verschiedenen Standorte zu zeigen, um in den Unternehmensinterviews zu prüfen, inwieweit diese Vorteile Anziehungskraft auf die Ansiedlung ausländischer Unternehmen und deren FuE-Aktivitäten ausüben.

Im zweiten Abschnitt werden anhand der verfügbaren Daten in den Technikbereichen Trends und Einflußfaktoren der Internationalisierung der FuE analysiert:

- Die Entwicklung der FuE-Aufwendungen und der FuE-Intensität in ausgewählten Industrieländern (Kapitel 2.1);
- die Bedeutung von unternehmensexternen Wissensquellen im In- und Ausland für den Innovationsprozeß in den Unternehmen (Kapitel 2.2);
- der Einfluß des Stammlands und der Internationalisierung der Produktion anhand der FuE-Aktivitäten japanischer Unternehmen in Europa (2.3) und anhand der Aktivitäten ausländischer Unternehmen in den USA und US-amerikanischer Unternehmen im Ausland (Kapitel 2.4);
- Anhand einer Patentanalyse wird für ausgewählte Unternehmen in den Technikfeldern versucht, die Internationalisierung der FuE-Aktivitäten unternehmensbezogen zu erfassen (Kapitel 2.5).

1. Patentanalyse: Technologische Kompetenzen und Spezialisierung von Ländern

1.1 Methodische Vorbemerkungen zur Patentanalyse

Forschung und Entwicklung (FuE) können nicht mit einfachen Maßeinheiten erfaßt und deshalb nicht direkt analysiert werden. Aus diesem Grunde werden Stellvertretergrößen, sogenannte Indikatoren, herangezogen. Diese können sowohl zur Messung des Inputs in FuE als auch des Outputs herangezogen werden. Input in FuE wird häufig durch das FuE-Budget oder das Personal in Forschung und Entwicklung gemessen. Die entsprechenden Angaben stehen aber in der Regel nur in sehr hoch aggregierter Form zur Verfügung, was sowohl in institutioneller Hinsicht als auch für die Differenzierung nach Technikgebieten gilt. Die Analysemöglichkeiten mit Forschungsbudgets und -personal sind deshalb in der Praxis erheblich eingeschränkt. Zur Output-Messung werden insbesondere Patente als Indikator genutzt, diese ermöglichen auch eine feine Aufschlüsselung sowohl in institutioneller als auch in technologischer Hinsicht.

Die Verwendung von Patenten ist gewissen Einschränkungen unterworfen, die in der angewandten Forschung zu berücksichtigen sind (siehe hierzu Schmoch 1990b und Grupp 1997). Zu beachten ist, daß Patente nicht in allen Bereichen gleichermaßen als Indikator genutzt werden können, da z.B. Nutzersoftware aber auch medizinische Heilverfahren nicht durch Patente geschützt werden können. Sektorale Unterschiede gibt es in der Patentierneigung (d.h. der Neigung, Wissen durch Patente zu schützen). Zudem können Unternehmen den Ertrag aus Innovationen durch andere Instrumente als den Patentschutz absichern, etwa durch Geheimhaltung oder einen schnellen Markteintritt. Durch fachgerechte Analyseverfahren läßt sich allerdings der Einfluß solcher unerwünschter Effekte begrenzen. In den letzten Jahren konnten weltweit so viele positive Erfahrungen mit Patentanalysen gesammelt werden, daß jetzt auch die OECD in einem Handbuch (Manual) Patentindikatoren als ein wichtiges Instrument zur Analyse von Forschung und Entwicklung empfiehlt (vgl. OECD 1994).

Die Patentrecherchen für das vorliegende Projekt wurden vom Observatoire des Sciences et des Techniques (OST), Paris, durchgeführt, das über eine In-House-Datenbank mit Patentanmeldungen des Europäischen Patentamts (EPA) verfügt. Für die vorliegenden Untersuchungen wurden ausschließlich europäische Patentanmeldungen verwendet. Es hat sich gezeigt, daß bei Ländervergleichen Verzerrungen durch den sogenannten "Heimvorteil" auftreten, wenn Patentanalysen auf der Basis von nationalen Patentdaten, z.B. des deutschen oder amerikanischen Patentamts, durchgeführt werden und so zu einer Überbewertung des jeweiligen Landes führt. Am Europäischen Patentamt gibt es dennoch einen gewissen regionalen Vorteil für europäische Anmelder im Vergleich zu Anmeldern aus Übersee. Dieser Effekt ist allerdings in Niedrigtechnologiefeldern sehr viel ausgeprägter als im forschungsintensiven Bereich. Diese Beobachtung hängt damit zusammen, daß europäische Patentanmeldungen auf den Schutz in mehreren europäischen Ländern abzielen und daher mit einem erheblichen Kostenaufwand verbunden sind. Sie stellen somit eine Selektion von technologisch und ökonomisch besonders wichtigen Erfindungen dar, was dazu führt, daß forschungsintensive Erfindungen besonders gut repräsentiert sind.

Die Recherche wurde auf der Basis von Prioritätsjahren durchgeführt. Das Prioritätsjahr entspricht der ersten Einreichung der Patentanmeldung und entspricht erfahrungsgemäß in etwa dem Erfindungsjahr. Da Patentanmeldungen nicht unmittelbar nach ihrer Hinterlegung am Patentamt veröffentlicht werden, sondern erst 18 Monate nach dem Prioritätstag, lagen bei der Recherche Anmeldungen bis zum Prioritätsjahr 1994 vor. In der vorliegenden Analyse ist allerdings das Prioritätsjahr 1994 noch nicht absolut vollständig, weil ein Teil der Anmeldungen über das internationale Patentverfahren läuft und oftmals erst mit einer Verzögerung von 30 Monaten an das Europäische Patentamt übergeleitet wird.[1] Für die in dieser Untersuchung vorgenommenen Berechnungen ist dieser Effekt aber vernachlässigbar, zumal stets der größere Zeitraum von 1991 bis 1994 betrachtet wird.

Zur Bestimmung der nationalen Herkunft einer Patentanmeldung bieten sich drei verschiedene Möglichkeiten an:

- das Prioritätsland,
- das Anmelderland,
- das Erfinderland.

Als Prioritätsland wird das Land bezeichnet, in dem eine Patentanmeldung zuerst hinterlegt wird. Deutsche Patentanmelder lassen beispielsweise ihre Erfindungen in den meisten Fällen zuerst am Deutschen Patentamt registrieren. Bei Unternehmen aus kleinen Ländern kann es aber sein, daß der eigene Markt ökonomisch uninteressant ist und die Anmeldung sofort bei einem benachbarten größeren Land hinterlegt wird, was zu statistischen Verzerrungen der Herkunft führt. Bei der Wahl des Landes des anmeldenden Unternehmens ergeben sich oftmals bei multinationalen Konzernen Probleme der Zuordnung. Bei manchen Konzernen sind die jeweiligen Tochtergesellschaften für die Erfindungen zuständig und erscheinen als offizieller Anmelder; in anderen Fällen werden alle Erfindungen des Konzerns über die Muttergesellschaft registriert. Vor diesem Hintergrund hat sich das in der Erfinderadresse angegebene Land als bestes Herkunftskriterium erwiesen, da in der Regel von einer räumlichen Nähe zwischen Erfinderadresse und Forschungslabor auszugehen

1 Es handelt sich dabei um das sogenannte Euro-PCT-Verfahren. Details dazu finden sich bei Schmoch (1990b, 23f.).

ist. Auch hier sind manchmal Inkonsistenten nicht völlig auszuschließen, etwa wenn der Erfinder seine Heimatadresse angibt, auch wenn er im Ausland forscht. Bei mehreren Erfindern aus verschiedenen Ländern wurde in der vorliegenden Analyse jeweils eine fraktionierte Zuordnung des Patents vorgenommen.

Werden nur absolute Patentzahlen betrachtet, so fallen lediglich die großen, fortgeschrittenen Industrieländer ins Auge. Es wird dabei übersehen, daß auch kleine Länder durch deutliche Spezialisierung auf bestimmte Technikbereiche eine hohe internationale Wettbewerbsfähigkeit erreichen können. Deshalb wird im folgenden neben den absoluten Patentzahlen auch ein Spezialisierungsindex, der sogenannte Relative Patentanteil (RPA), verwendet. Dieser Index mißt, ob der Patentanteil einer Stichprobe (Unternehmen oder Land) in einem bestimmten Technikfeld dem Anteil entspricht, den dieses Technikfeld in seiner Grundgesamtheit, z.B. allen Anmeldungen am Europäischen Patentamt, einnimmt, oder ob dieser Anteil über- bzw. unterdurchschnittlich ausfällt. Exakt ist der RPA-Index definiert als

$$RPA_{ij} = 100 \tanh \ln [(P_{ij} / \Sigma_i P_{ij}) / (\Sigma_j P_{ij} / \Sigma_{ij} P_{ij})]$$

In dieser Formel ist P_{ij} die Zahl der Patente eines Landes/Unternehmens i im Technikgebiet j. Die Einführung des Logarithmus sorgt für einen symmetrischen Wertebereich um den neutralen Punkt 0, der Tangens hyperbolikus führt zu einer Begrenzung auf den Wertebereich ±100. Unter der Berücksichtigung von Fehlertoleranzen können bei der vorliegenden Fragestellung Indexwerte von mehr als +15 als Ausdruck einer deutlich überdurchschnittlichen Spezialisierung auf das betreffende Technikfeld interpretiert werden; deutlich unterdurchschnittliche Spezialisierungen beginnen entsprechend beim Wert -15.

Jede Patentanmeldung wird nach ihrem Eingang im Patentamt nach einem Code, der sogenannten Internationalen Patentklassifikation (IPK), eingeordnet, wobei auf der niedrigsten Aggregationsstufe rund 65.000 verschiedene Codes zur Verfügung stehen. Von daher eignen sich patentstatistische Analysen in besonderer Weise für eine Differenzierung nach inhaltlichen Gesichtspunkten. Basierend auf der IPK werden jeweils interessierende Technologiefelder abgegrenzt und definiert. Im vorliegenden Fall wurden die drei untersuchten Schlüsseltechnologien Pharmazeutik, Halbleiter und Telekommunikation jeweils in vier Teilfelder untergliedert, um differenziertere Analysen durchführen zu können. OST hat die Recherchen unter Nutzung der vom Fraunhofer-Institut für Systemtechnik und Systemforschung (ISI) vorgegebenen Definitionen für die einzelnen Teilfelder durchgeführt. Bei der Definition dieser Teilfelder konnte auf Vorarbeiten aus anderen Projekten zurückgegriffen werden (vgl. Münt, Grupp 1995).

Patentanmeldungen werden in der Regel mehreren Klassifikationscodes der IPK zugeordnet, so daß bei einer Recherche mit allen Codes eine Überlappung von technisch verwandten Teilfeldern möglich ist. Um zu einer eindeutigen überlappungsfreien Zuordnung zu kommen, wurde im vorliegenden Projekt ausschließlich mit der jeweils ersten Klassifikation gearbeitet, die der Patentanmeldung zugewiesen wurde und die den inhaltlich bedeutendsten Anspruch der Anmeldung widerspiegelt. Somit können die in der Statistik angegebenen Zahlen für die Teilfelder unmittelbar zum Gesamtwert des jeweiligen Gebiets aufsummiert werden. Ein gewisser Nachteil dieser Lösung besteht darin, daß für die vorliegende Untersuchung relevante Codes möglicherweise erst als Zweitklassifikation vermerkt sind und somit einzelne Schriften nicht berücksichtigt werden. In diesem Falle ging es aber nicht um Vollständigkeit der Schriften, sondern um die Bildung von aussagefähigen Stichproben zur Beschreibung maßgeblicher Strukturen und Trends, so daß von dieser Seite nur vernachlässigbare Verzerrungen zu erwarten sind.

Ein Schwerpunkt liegt auf der Analyse von international tätigen Unternehmen (siehe die unternehmensbezogene Patentanalyse in Kap. 2.5). Das methodische Problem solcher Analysen besteht darin, das jeweilige Unternehmen bzw. den Konzern durch einen geeigneten Set von Anmeldernamen zu definieren. Bei vielen Konzernen laufen alle Anmeldungen auf den Namen der Muttergesellschaft, andere haben spezielle Tochtergesellschaften für die Anmeldung ihrer Patente gegründet. In einer weiteren Gruppe melden sowohl die Tochter- als auch die Muttergesellschaften Patente an. In jedem Fall muß daher über Geschäftsberichte und weitere Quellen (Interviews, Unternehmensdatenbanken, Internet-Recherchen) die Struktur des Konzerns und eine entsprechende Patentstrategie ermittelt werden. In der Recherche konnten allerdings nur diejenigen Tochtergesellschaften berücksichtigt werden, die im Zeitraum 1993-94 jeweils mehr als fünf Patente angemeldet hatten. Hierdurch sind Verzerrungen möglich, die sich insbesondere bei kleineren Unternehmen statistisch auswirken können. Angesichts der erheblichen Dynamik bei der Akquisition neuer und der Umstrukturierung bestehender Unternehmen, die gerade in den drei untersuchten Teilgebieten zu beobachten ist, liegt in der Bestimmung des Konzerns bzw. Unternehmens die größte methodische Unsicherheit unserer Vorgehensweise bei der Patentanalyse.

Trotz der methodischen Begrenzungen ergeben sich aus der vorliegenden Patentanalyse aufschlußreiche Ergebnisse, die durch die Resultate aus den Interviews in vieler Hinsicht ergänzt werden. Ein Beispiel dafür betrifft die Messung der FuE-Aktivitäten im Ausland. In unseren Firmeninterviews wurden uns von 32 Unternehmen der Anteil der ausländischen FuE-Aufwendungen an den gesamten FuE-Aufwendungen für das jeweilige Technikgebiet genannt. Damit können wir einen FuE-Input-Indikator (FuE-Aufwendungen im Ausland) mit einem FuE-Output-Indikator (Patentanmeldungen mit Erfinderland im Ausland) hinsichtlich der Auslandsaktivitäten vergleichen.

Die Gegenüberstellung der Auslandsanteile von Patentanmeldungen am EPA und FuE-Aufwendungen, die beide für 32 der untersuchten Firmen vorliegen, zeigt eine hohe Korrelation dieser beiden Indikatoren (vgl. Abb. II.1-1). Die lineare Regression macht allerdings deutlich, daß die FuE-Auslandsaktivitäten durch den Indikator Auslandsanteil der Patente um 10 Prozentpunkte unterschätzt wird. Zu beachten ist hierbei, daß die Patente aus den Jahren 1991 bis 1994 stammen und die FuE-Aufwendungen den Stand des Jahres 1996 abbilden. In den letzten Jahren dürften sich zwar die FuE-Auslandsaktivitäten der untersuchten Firmen erhöht haben, aber nicht in dieser Höhe.

Abbildung II.1-1: Vergleich der Indikatoren Anteil Patentanmeldungen und FuE-Aufwendungen im Ausland

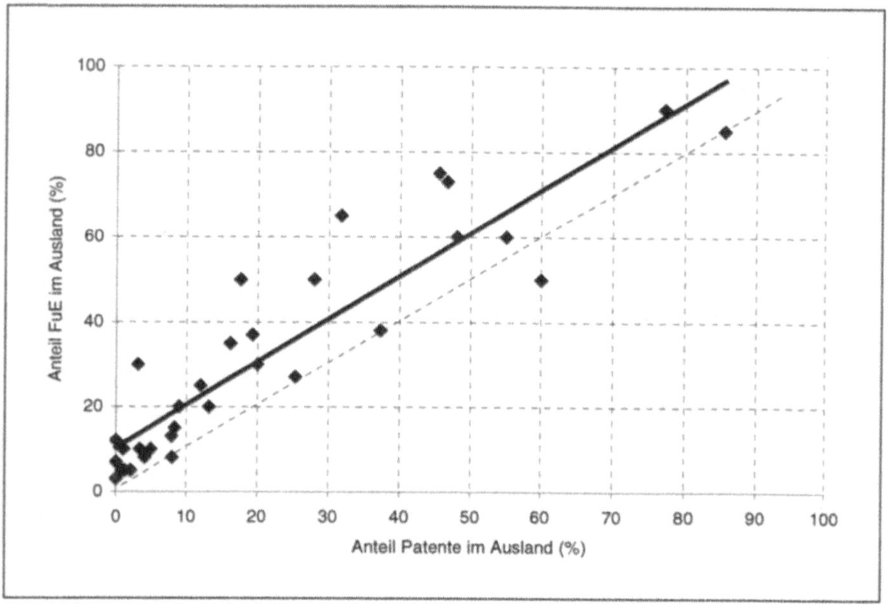

Die Unterschätzung der Auslandsaktivitäten durch den Indikator Patente kann zwei Ursachen haben. Zum einen sind Patente ein Output-Indikator und FuE-Aufwendungen ein Input-Indikator; man könnte nun argumentieren, daß der geringere Anteil der Patentanmeldungen im Ausland auch eine geringere FuE-Produktivität der ausländischen FuE-Einheiten widerspiegelt. Diese Deutung trifft aber nicht den Kern. Eine zweite, viel wahrscheinlichere Erklärung ist, daß Patente die Machbarkeit einer Idee abbilden und somit im wesentlichen ein Indikator für *angewandte Forschung* sind. Sowohl grundlegende Forschung als auch Entwicklung werden aber nicht durch Patente angezeigt. Die Entwicklung kann jedoch einen hohen Anteil an den gesamten FuE-Aufwendungen ausmachen. Beispielsweise betragen die FuE-Aufwendungen für die klinische Forschung (das ist Entwicklung) in der Pharmazeutik im Durchschnitt etwa 2/3 des gesamten FuE-Budgets (siehe im Detail die Fallstudie Pharmazeutik). Die Differenz zwischen dem Anteil der FuE-Aufwendungen und der Patente im Ausland deutet darauf hin, daß im Vergleich zum Stammland im Ausland ein größerer Anteil an (Anpassungs-) Entwicklung betrieben wird (im Falle der Pharmazeutik z.B. die Durchführung klinischer Studien vor Ort, um die behördliche Zulassung des Präparats zu erhalten). Überraschend ist, daß bei der Korrelation zwischen Patent- und FuE-Anteil im Ausland kaum signifikante Unterschiede zwischen den drei untersuchten Technikbereichen auftreten. Patente sind demnach ein Indikator, der die Auslandsaktivitäten multinationaler Konzerne insgesamt unterschätzt, aber diese für Unternehmen mit hohem und Unternehmen mit geringem Auslandsanteil nicht verzerrt darstellt.

1.2 Spezialisierung auf Länderebene in den ausgewählten Technikgebieten

1.2.1 Pharmazeutik

Im aktuellsten untersuchten Beobachtungszeitraum von 1991-94 wurden im Bereich der Pharmazeutik insgesamt rund 17.500 Patentanmeldungen am Europäischen Patentamt (EPA) registriert, was etwa 6,4 % aller EPA-Anmeldungen entspricht (vgl. Tab. II.1-1).

Innerhalb der vier untersuchten Teilgebiete

- Vitamine, Antibiotika, Alkaloide,
- Hormone,
- Enzyme, Mikroorganismen, Seren, Vakzine,
- andere Therapeutika und Diagnostika,

hat das dritte - mit der Biotechnologie verbundene Teilfeld - mit rund 7.500 Anmeldungen, also etwa 43 % aller pharmazeutischen Anmeldungen, das bei weitem höchste Aufkommen. Bei den Pharmazeutika stammen mit rund 47 % die meisten Patentanmeldungen aus den Vereinigten Staaten, wobei zu beachten ist, daß die nationale Herkunft nach der Erfinderadresse bestimmt wird. Damit werden beispielsweise auch Erfindungen von Konzernen mit deutscher Muttergesellschaft, die in amerikanischen Tochtergesellschaften entstanden sind, den Vereinigten Staaten zugerechnet. Der Anteil von Anmeldungen aus der Europäischen Union beträgt lediglich ein Drittel. Neben der Betrachtung der absoluten Zahlen ist es von besonderem Interesse, über die Berechnung von Spezialisierungsindizes auch die Größe der betrachteten Nationen bzw. Regionen in Rechnung zu stellen. Hier zeigt sich, daß die Vereinigten Staaten nicht nur nach absoluten Zahlen, sondern auch bei der Spezialisierung eine deutlich führende Stellung haben. Es werden Index-Werte von

Tabelle II.1-1: Patentanmeldungen am Europäischen Patentamt im Technikbereich Pharmazeutik, 1991-94 (Absolutzahlen und in %)

Absolutzahlen												
Feld	EU	DEU	FRA	GBR	ITA	NDL	USA	JPN	CHE	CAN	Sonstige	Gesamt
Vitamine, Antibiotika, Alkaloide	863	260	134	214	109	15	934	411	67	32	117	2424
Hormone	194	76	18	39	15	11	161	73	6	8	20	461
Enzyme, Mikroorg., Seren, Vakzine	2402	509	465	591	120	183	3735	726	99	183	378	7523
Andere Therapeutika und Diagnostika	2273	676	328	548	240	67	3387	818	109	124	405	7115
Pharmazeutik gesamt	5731	1520	946	1392	484	276	8217	2028	280	347	921	17523
Länderanteile an Gesamtzahlen in %												
Feld	EU	DEU	FRA	GBR	ITA	NDL	USA	JPN	CHE	CAN	Sonstige	Gesamt
Vitamine, Antibiotika, Alkaloide	36	11	6	9	4	1	39	17	3	1	5	100
Hormone	42	16	4	8	3	2	35	16	1	2	4	100
Enzyme, Mikroorg., Seren, Vakzine	32	7	6	8	2	2	50	10	1	2	5	100
Andere Therapeutika und Diagnostika	32	10	5	8	3	1	48	11	2	2	6	100
Pharmazeutik gesamt	33	9	5	8	3	2	47	12	2	2	5	100

knapp 40 erreicht, was einer deutlich überproportionalen Spezialisierung entspricht (vgl. Abb. II.1-2). Die USA konnten diese Spezialisierung seit dem ersten Beobachtungszeitraum von 1983-86 auf diesem hohen Niveau halten, obwohl die Wettbewerber aus anderen Ländern (vor allem Großbritannien, Kanada) in dieser Zeit die absolute Zahl ihrer Patentanmeldungen erheblich gesteigert haben. Hinter dem im Zeitverlauf etwa konstanten Index-Wert der Vereinigten Staaten steht somit eine nach absoluten Zahlen steigende Patentaktivität.

Die Patentaktivitäten der Länder der Europäischen Union (EU) auf Pharmazeutik sind mit Werten von etwa -30 deutlich unterdurchschnittlich, wobei aber die Situation in den verschiedenen Mitgliedsländern unterschiedlich ist. In der Bundesrepublik (DEU) ist der Spezialisierungsindex negativer als im Durchschnitt der Europäischen Union, und er hat sich im Laufe der Zeit weiter verschlechtert. In Großbritannien (GBR) hat sich die Spezialisierung von einem durchschnittlichen auf einen überproportionalen Wert verbessert, das Land hat sich folglich stärker auf Pharmazeutik spezialisiert.

Bei den übrigen Ländern ist die unterproportionale und im Zeitverlauf weiter zurückgehende Spezialisierung Japans (JPN) bemerkenswert, während Kanada (CAN) umgekehrt einen deutlichen Schwerpunkt bei den Pharmazeutika gebildet hat.

Abbildung II.1-2: Spezialisierung im Technikbereich Pharmazeutik bei Patentanmeldungen am Europäischen Patentamt nach Herkunftsländern

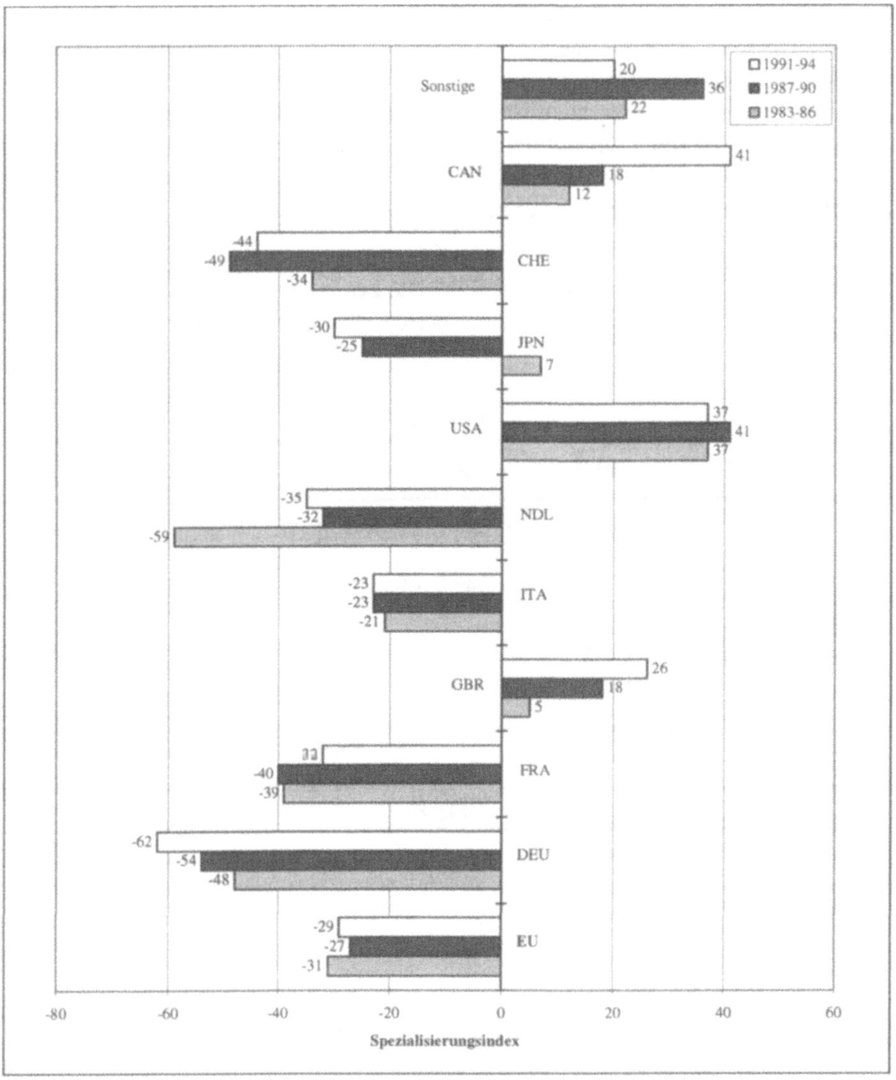

Bei einer weiteren Differenzierung nach Teilfeldern wird deutlich, daß das Niveau der Gesamtindizes maßgeblich von der Spezialisierung vom Teilbereich der Enzyme, Mikroorganismen, Seren und Vakzine, also auf der Biotechnologie, beeinflußt

wird. Während die USA, Kanada und Großbritannien hier deutlich positive Indizes aufweisen, liegen diese in der Europäischen Union, insbesondere der Bundesrepublik, und bei Japan im ausgeprägt negativen Bereich (vgl. Tab. II.1-2). Erfindungen aus Deutschland erreichen nur im Teilfeld der Hormone im weltweiten Vergleich zumindest nahezu durchschnittliche Werte; alle übrigen Bereiche sind ebenfalls ausgeprägt negativ.

Insgesamt gesehen stellt sich somit die technologische Situation der Bundesrepublik bei den Pharmazeutika als ungünstig dar, wobei nach dem zeitlichen Trend eher noch eine Verschlechterung zu befürchten ist. Dieses ist vor allem vor dem Hintergrund der absolut dominierenden Rolle der Vereinigten Staaten insbesondere in der Biotechnologie zu sehen. Großbritannien und Kanada haben seit Beginn der 80er Jahre deutlich aufgeholt und zwar vor allem im Teilbereich Biotechnologie (Enzyme, Mikroorganismen, Seren, Vakzine).

Tabelle II.1-2: Spezialisierung auf Teilgebiete des Technikbereichs Pharmazeutik bei Patentanmeldungen am Europäischen Patentamt, 1991-94 und 1983-86

Feld	EU	DEU	FRA	GBR	ITA	NDL	USA	JPN	CHE	CAN	Sonstige
1991-94											
Vitamine, Antibiotika, Alkaloide	-21	-48	-30	35	25	-86	19	7	7	3	12
Hormone	-5	-9	-57	32	-7	0	9	0	-62	25	0
Enzyme, Mikroorg., Seren, Vakzine	-31	-75	-19	25	-65	7	42	-46	-58	56	16
Andere Therapeutika und Diagnostika	-31	-57	-45	23	-3	-70	38	-31	-47	29	28
Pharmazeutik gesamt	-29	-62	-32	26	-23	-35	37	-30	-44	41	20
1983-86											
Vitamine, Antibiotika, Alkaloide	-19	-32	-49	35	29	-86	12	29	13	-48	-12
Hormone	-9	0	-57	6	-10	-42	34	-49	-59	37	16
Enzyme, Mikroorg., Seren, Vakzine	-39	-65	-29	0	-79	-45	41	14	-32	11	22
Andere Therapeutika und Diagnostika	-31	-41	-45	-8	2	-61	41	-8	-60	29	34
Pharmazeutik gesamt	-31	-48	-39	5	-21	-59	37	7	-34	12	22

1.2.2 Halbleitertechnik

Im Zeitraum 1991-94 wurden am Europäischen Patentamt rund 5.600 Patente im Bereich der Halbleiter angemeldet (vgl. Tab. II.1-3). Damit sind die Halbleiter gemessen in Patentanmeldezahlen zwar das mit Abstand kleinste der drei betrachteten Technikfelder. Die Anmeldezahlen liegen aber dennoch überraschend hoch, da sie sich ausschließlich auf Halbleiter-Bauelemente und deren Herstellung, nicht aber deren Anwendung beziehen. Darüber hinaus wird das Gebiet als weniger patentintensiv angesehen, weil die Technologie-Lebenszyklen relativ kurz sind und sich

Tabelle II.1-3: Patentanmeldungen am Europäischen Patentamt im Technikbereich Halbleiter, 1991-94 (Absolutzahlen und Länderanteile in %)

Absolutzahlen												
Feld	EU	DEU	FRA	GBR	ITA	NDL	USA	JPN	CHE	CAN	Sonstige	Gesamt
Diskrete Bauelemente	214	100	52	15	27	10	475	315	11	4	16	1035
Integrierte Bauelemente	335	111	68	44	58	40	440	452	16	6	29	1278
Photovoltaische Bauelemente	337	125	102	42	7	38	332	508	27	8	23	1235
Halbleiter-Herstellung	397	164	70	34	48	55	1006	621	5	6	39	2074
Halbleiter gesamt	1282	500	292	135	140	142	2253	1896	59	24	107	5622
Länderanteile an Gesamtzahlen in %												
Feld	EU	DEU	FRA	GBR	ITA	NDL	USA	JPN	CHE	CAN	Sonstige	Gesamt
Diskrete Bauelemente	21	10	5	1	3	1	46	30	1	0	2	100
Integrierte Bauelemente	26	9	5	3	5	3	34	35	1	0	2	100
Photovoltaische Bauelemente	27	10	8	3	1	3	27	41	2	1	2	100
Halbleiter-Herstellung	19	8	3	2	2	3	48	30	0	0	2	100
Halbleiter gesamt	23	9	5	2	2	3	40	34	1	0	2	100

damit der eher längerfristig angelegte Patentschutz nicht lohnt (vgl. Grupp, Soete 1993). In jedem Falle ergibt sich trotz dieser Einschränkungen eine ausreichend große Stichprobe, die auf Länderebene statistisch aussagefähig ist.

Auch bei den Halbleitern dominieren die Vereinigten Staaten mit einem Anteil von 40 % (vgl. Tab. II.1-3), wobei allerdings auch das japanische Niveau mit 34 % beachtlich ist. Die Europäische Union (EU) kann demgegenüber gerade 23 % verbuchen. Die Dominanz der Vereinigten Staaten und Japans (JPN) äußert sich auch in den Spezialisierungsindizes, wobei sich in diesem Feld die japanische Spezialisierung mit einem aktuellen Indexwert von 64 als besonders ausgeprägt erweist (vgl.

Abbildung II.1-3: Spezialisierung im Technikbereich Halbleiter bei Patentanmeldungen am Europäischen Patentamt nach Herkunftsländern

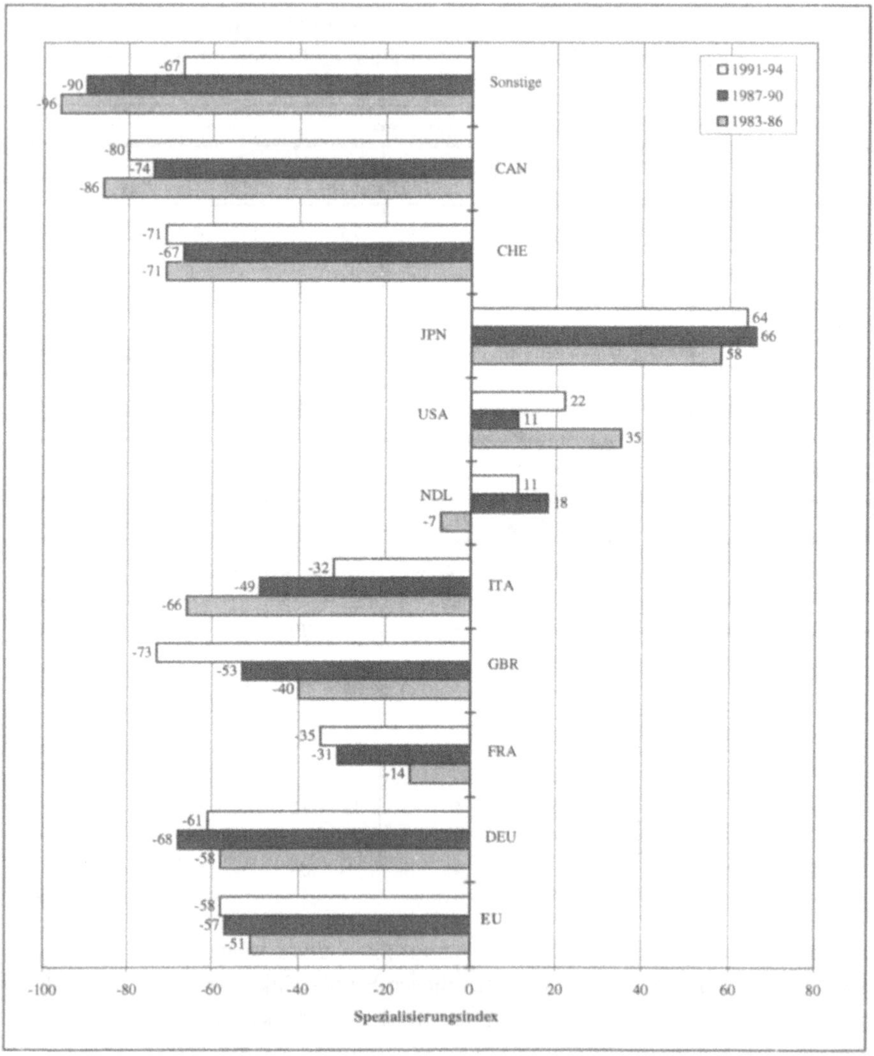

Abb. II.1-3). Demgegenüber ist die Spezialisierung der Länder der Europäischen Union allgemein deutlich unterdurchschnittlich, was auch für Deutschland gilt. Nur in den Niederlanden (NDL) ist der Spezialisierungsindex leicht positiv, was überwiegend auf die FuE-Aktivitäten von Philips zurückzuführen ist.

Bei der Betrachtung der Teilfelder (vgl. Tab. II.1-4)

- diskrete Bauelemente,
- integrierte Bauelemente,
- photovoltaische Bauelemente
- und Halbleiter-Herstellung

wird im wesentlichen das Ergebnis für die Gesamtwerte reproduziert. Bemerkenswerte Ausnahmen sind lediglich der leicht positive Index für Frankreich (FRA) bei

Tabelle II.1-4: Spezialisierung auf Teilgebiete des Technikbereichs Halbleiter bei Patentanmeldungen am Europäischen Patentamt, 1991-94 und 1983-86

1991-94											
Feld	**EU**	**DEU**	**FRA**	**GBR**	**ITA**	**NDL**	**USA**	**JPN**	**CHE**	**CAN**	**Sonstige**
Diskrete Bauelemente	-64	-56	-39	-89	-30	-69	35	57	-72	-84	-76
Integrierte Bauelemente	-48	-62	-33	-52	26	30	8	67	-62	-76	-57
Photovoltaische Bauelemente	-45	-52	9	-53	-94	29	-17	74	-15	-60	-69
Halbleiter-Herstellung	-68	-68	-66	-87	-38	16	40	56	-98	-89	-67
Halbleiter gesamt	-58	-61	-35	-73	-32	11	22	64	-71	-80	-67

1983-86											
Feld	**EU**	**DEU**	**FRA**	**GBR**	**ITA**	**NDL**	**USA**	**JPN**	**CHE**	**CAN**	**Sonstige**
Diskrete Bauelemente	-44	-32	8	-59	-95	-67	34	51	-47	-81	-99
Integrierte Bauelemente	-56	-68	-32	-44	-40	10	13	73	-52	-85	-98
Photovoltaische Bauelemente	-42	-37	4	-37	-92	-70	22	61	-73	-88	-88
Halbleiter-Herstellung	-55	-73	-23	-31	-52	25	50	43	-90	-89	-96
Halbleiter gesamt	-51	-58	-14	-40	-66	-7	35	58	-71	-86	-96

den photovoltaischen Bauelementen, wohingegen die Vereinigten Staaten hier einen unterproportionalen Index zu verbuchen haben. In der insgesamt positiven Bilanz der Niederlande fällt der ausgeprägt negative Index für diskrete Bauelemente ins Auge.

Das Gebiet der Halbleiter ist insgesamt von einer deutlichen Polarisierung auf die Vereinigten Staaten und Japan gekennzeichnet, wobei innerhalb der Europäischen Union nur die Niederlande positiv auffallen. Wird der zeitliche Trend auf die zukünftige Entwicklung projiziert, so ist – vor dem Hintergrund der Stärke der USA und Japans - keine Verbesserung für die Bundesrepublik und die meisten EU-Länder zu erwarten.

1.2.3 Telekommunikationstechnik

Die Zahl der Patentanmeldungen in der Telekommunikation liegt im Beobachtungszeitraum 1991-94 mit etwa 14.000 Anmeldungen ähnlich hoch wie bei den Pharmazeutika (vgl. Tab. II.1-5), wobei sich die Zahl der Anmeldungen seit 1983-86 verdoppelt hat.

Der Anteil der Vereinigten Staaten ist mit 33 % weniger dominierend als bei den Pharmazeutika oder den Halbleitern; die Europäische Union erreicht immerhin 30 %. Auch Japan hat mit 22 % eine starke Stellung. Von den Teilfeldern der Telekommunikation

- Vermittlung,
- leitungsgebundene Übertragung,
- Funkübertragung
- und Radio- und Fernsehsysteme

hat die leitungsgebundene Übertragung, zumindest bezüglich des Patentaufkommens, nach wie vor mit 54 % das stärkste Gewicht, während die Funkübertragung gerade bei 5,4 % liegt. In der leitungsgebundenen Übertragung sind allerdings die aufstrebenden Gebiete der optischen und digitalen Übertragung enthalten (vgl. Tab. II.1-5).

Hinsichtlich der Spezialisierung auf die Telekommunikation liegen die Vereinigten Staaten seit vielen Jahren auf etwa durchschnittlichem Niveau, wohingegen Japan deutlich überdurchschnittliche Indizes mit noch steigendem Trend aufweist (vgl. Abb. II.1-4). Die Europäische Union hat dagegen einen leicht absteigenden Trend zu verzeichnen, was maßgeblich auf den deutlichen Rückgang der Telekommunikations-Spezialisierung von Deutschland zurückzuführen ist. Seit 1983-86 sind die

Tabelle II.1-5: Patentanmeldungen am Europäischen Patentamt im Technikbereich Telekommunikation, 1991-94 (Absolutzahlen und in %)

Absolutzahlen												
Feld	EU	DEU	FRA	GBR	ITA	NDL	USA	JPN	CHE	CAN	Sonstige	Gesamt
Vermittlung	1640	462	254	301	41	82	1189	378	63	86	66	3420
Leitungsgebundene Übertragung	2742	909	633	449	97	233	2653	1880	120	76	193	7665
Funkübertragung	371	100	105	79	19	23	209	127	11	8	33	759
Radio- und Fernseh-Systeme	712	222	137	106	28	168	551	769	19	11	136	2198
Telekommunikation gesamt	5465	1693	1130	935	186	507	4602	3153	213	180	428	14042
Länderanteile an Gesamtzahlen in Prozent												
Feld	EU	DEU	FRA	GBR	ITA	NDL	USA	JPN	CHE	CAN	Sonstige	Gesamt
Vermittlung	48	14	7	9	1	2	35	11	2	3	2	100
Leitungsgebundene Übertragung	36	12	8	6	1	3	35	25	2	1	3	100
Funkübertragung	49	13	14	10	3	3	28	17	1	1	4	100
Radio- und Fernseh-Systeme	32	10	6	5	1	8	25	35	1	0	6	100
Telekommunikation gesamt	39	12	8	7	1	4	33	22	2	1	3	100

deutschen Patentanmeldungen in der Telekommunikation absolut nur leicht angestiegen, während insgesamt die Zunahme der Patentanmeldungen dramatisch ist. Ähnlich sieht es für Frankreich und Großbritannien aus, wobei beide Länder allerdings auch gegenwärtig noch leicht positive Werte verbuchen können. Innerhalb Europas konnten sich lediglich die Niederlande mit dem Hauptakteur Philips auf ausgeprägt überdurchschnittlichem Niveau halten. Neben den Patentaktivitäten der Vereinigten Staaten und vor allem Japans ist das Aufkommen der sonstigen Länder ein weiterer Grund für den relativen Rückgang der Europäischen Union und Deutschlands, wobei aber die sonstigen Länder nach wie vor unterdurchschnittlich in der Telekommunikation vertreten sind.

Bei der Betrachtung der Teilfelder der Telekommunikation zeigt sich, daß die USA nur in den zahlenmäßig gewichtigen Gebieten der Vermittlung und der leitungsgebundenen Übertragung im internationalen Vergleich leicht überdurchschnittlich

Abbildung II.1-4: Spezialisierung im Technikbereich Telekommunikation bei Patentanmeldungen am Europäischen Patentamt nach Herkunftsländern

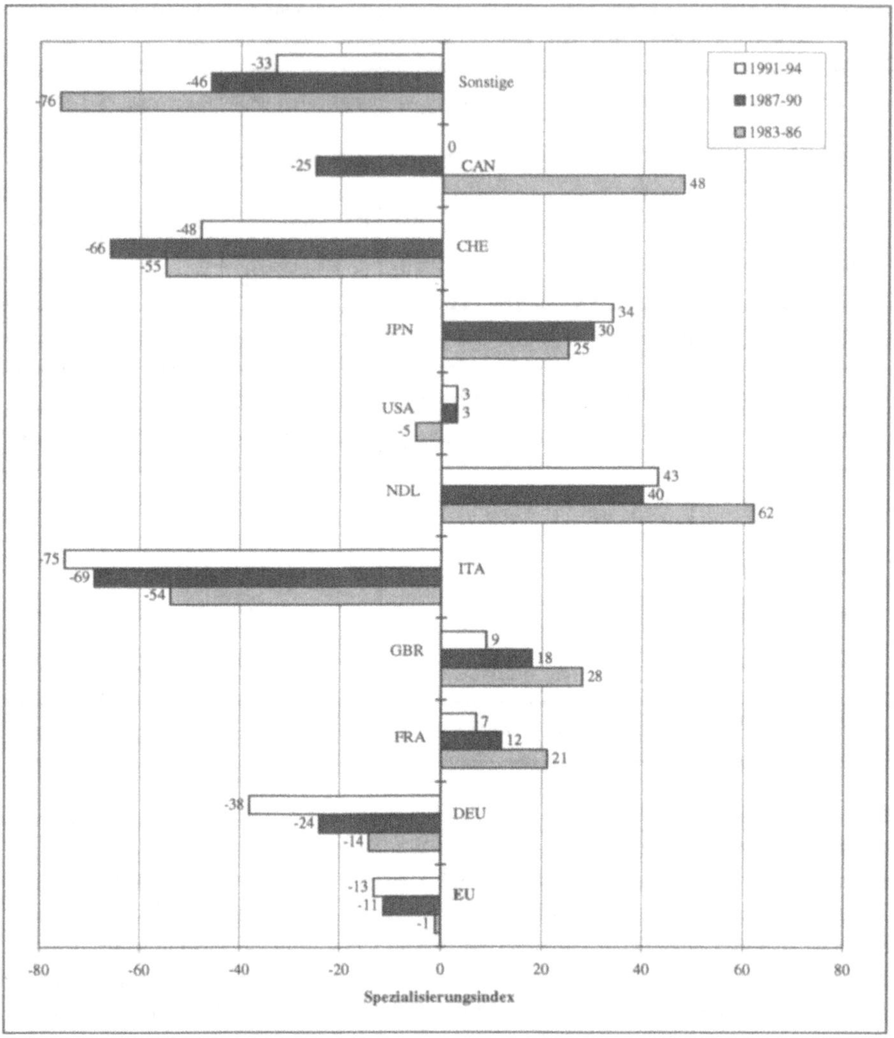

spezialisiert sind, während die Indizes in der Funkübertragung und bei den Radio- und Fernsehsystemen negativ sind (vgl. Tab. II.1-6). Japan hat dagegen eine ausgeprägte Schwäche bei der Vermittlung; die Stärken liegen bei der leitungsgebundenen Übertragung und vor allem bei den Radio- und Fernseh-Systemen, die eine große Nähe zur Unterhaltungselektronik haben. Die relativ moderaten Werte der Vereinigten Staaten und auch Japans in der Funkübertragung sind wesentlich auf eine entsprechende Stärke der Europäischen Union, insbesondere Frankreichs, Großbritanniens und der Niederlande zurückzuführen. Deutschland hat dagegen in allen Teilbereichen unterproportionale Spezialisierungsindizes, wobei insbesondere der negative Trend in der leitungsgebundenen Übertragung und stärker noch bei der Vermittlung auffällt. 1983-86 war die Spezialisierung Deutschlands in der Vermittlung noch überdurchschnittlich gewesen, ist aber seitdem beständig zurückgegangen.

Tabelle II.1-6: Spezialisierung auf Teilgebiete des Technikbereichs Telekommunikation bei Patentanmeldungen am Europäischen Patentamt, 1991-94 und 1983-86

Feld	EU	DEU	FRA	GBR	ITA	NDL	USA	JPN	CHE	CAN	Sonstige
1991-94											
Vermittlung	8	-28	-1	35	-79	6	8	-34	-32	58	-67
Leitungsgebundene Übertragung	-21	-40	9	-4	-77	29	8	41	-45	-26	-48
Funkübertragung	10	-31	54	48	-30	30	-15	5	-50	-23	2
Radio- und Fernseh-Systeme	-30	-52	-18	-23	-77	84	-24	66	-79	-75	36
Telekommunikation gesamt	-13	-38	7	9	-75	43	3	34	-48	0	-33
1983-86											
Feld	EU	DEU	FRA	GBR	ITA	NDL	USA	JPN	CHE	CAN	Sonstige
Vermittlung	-1	19	-18	-3	-33	-35	20	-25	-72	72	-70
Leitungsgebundene Übertragung	0	-17	32	33	-49	50	-5	21	-50	55	-72
Funkübertragung	7	-33	49	63	-25	-53	-9	5	-85	68	-44
Radio- und Fernseh-Systeme	-4	-35	3	16	-92	92	-35	58	-46	-83	-95
Telekommunikation gesamt	-1	-14	21	28	-54	62	-5	25	-55	48	-76

Die Niederlande verdanken ihren starken Durchschnittswert zu großen Teilen ihrem überproportionalen Engagement bei den Radio- und Fernsehsystemen, die auch eine Stärke der sonstigen Länder sind. Hier waren die sonstigen Länder (vor allem die "Tigerländer") noch 1983-86 faktisch überhaupt nicht vertreten, was in gleicher Weise für die übrigen Teilgebiete der Telekommunikation gilt.

In der Gesamtschau ist der internationale Wettbewerb in der Telekommunikation ausgeglichener als bei der Pharmazeutik und bei Halbleitern, wobei das Gebiet in allen Teilbereichen von einer hohen Wachstumsdynamik gekennzeichnet ist. Deutschland hat hier seit den 80er Jahren gegenüber der Konkurrenz kontinuierlich an Boden verloren, während Japan, aber auch die sonstigen kleinen Länder ihre Stellung verbessern konnten.

2. Unterschiedliche Muster im Innovationsverhalten und der Internationalisierung

2.1 Entwicklung der FuE-Aufwendungen in ausgewählten Industrieländern

Der Vergleich der Entwicklung der FuE-Aufwendungen der Länder in den drei untersuchten Schlüsseltechnologien gibt neben der Patentanalyse einen ersten Hinweis auf nationale oder regionale Unterschiede bei der Attraktivität für FuE-Aktivitäten. Die drei untersuchten Technologiefelder gehören zu den Wirtschaftszweigen der Spitzentechnik, also den Branchen mit FuE-Intensitäten über 8,5 % (siehe NIW, DIW, ISI, ZEW 1997). Es wird erwartet, daß der Strukturwandel in den hochindustrialisierten Volkswirtschaften in Richtung der FuE-intensiven Industrien geht, da in diesen Branchen Hochlohnländer komparative Vorteile gegenüber den aufstrebenden, neu industrialisierten Ländern erlangen können. Zudem ist die Wachstumsrate in den "wissensintensiven" Industrien seit einigen Jahren am höchsten. In der Tat sind für die drei untersuchten Technikfelder überdurchschnittliche Wachstumsraten zu beobachten (vgl. auch die Fallstudien).

In der Pharmazeutik weisen die FuE-Aufwendungen der meisten Länder höhere Wachstumsraten als die des Verarbeitenden Gewerbes auf (Abb. II.2-1). Der Strukturwandel der FuE-Aktivitäten im Verarbeitenden Gewerbe geht also in Richtung Pharmazeutika. Relativ stark wächst die Pharmaforschung insbesondere in Großbritannien, den USA, Schweden und Kanada, wobei Großbritannien den größten Unterschied zu dem (geringen) Anstieg der FuE-Aufwendungen im Verarbeitenden Gewerbe aufweist. Dort läuft der Strukturwandel also am schnellsten ab. In Deutschland wächst der pharmazeutische Bereich dagegen nur durchschnittlich, der Anteil der Pharmazeutik an den gesamten FuE-Aufwendungen nimmt also nicht zu. Hier scheint der Strukturwandel aufgehalten zu werden, was entweder auf die mangelhaften Bedingungen für die Pharmaforschung oder auf die besseren Bedingungen für die FuE-Aktivitäten in den anderen Industriebranchen zurückgeführt werden kann.

Abbildung II.2-1: Jährliches Wachstum der FuE-Aufwendungen in der Pharmazeutik und im Verarbeitenden Gewerbe in OECD-Ländern, 1980-1995

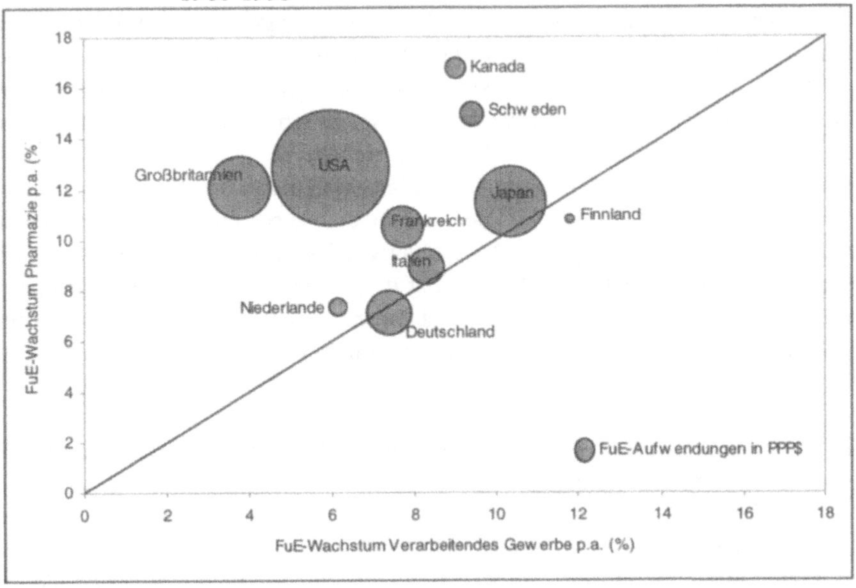

Quelle: OECD, Anberd

Abbildung II.2-2: Jährliches Wachstum der FuE-Aufwendungen in Nachrichtentechnik und Bauelemente sowie im Verarbeitendem Gewerbe in OECD-Ländern, 1980-1995

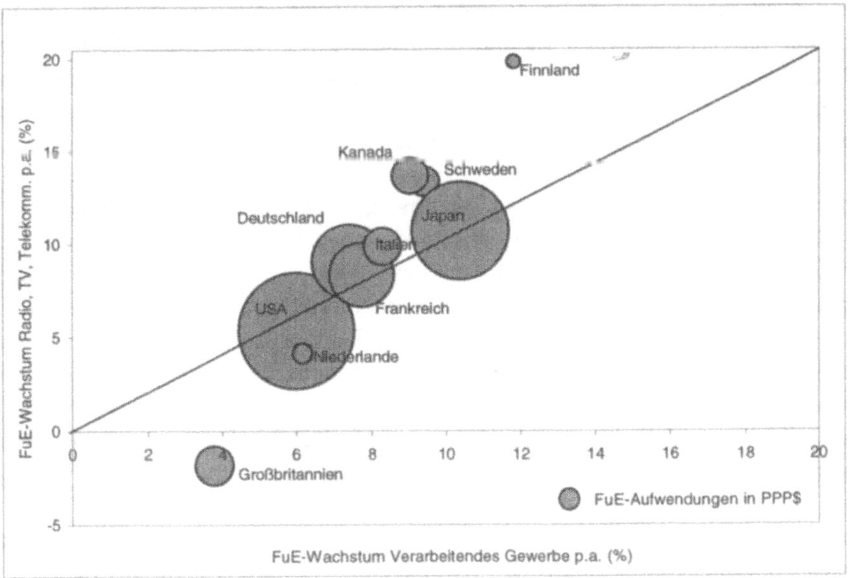

Quelle: OECD, Anberd

Da die FuE-Aufwendungen der Nachrichtentechnik und des Halbleiterbereichs nicht getrennt ausgewiesen werden, können diese beiden Bereiche nur aggregiert analysiert werden. Hier stellt sich die Situation anders dar (vgl. Abb. II.2-2). Die FuE-Aufwendungen im Bereich Radio, TV, Bauelemente und Nachrichtentechnik wachsen in der Regel im gleichen Tempo oder nur leicht überdurchschnittlich wie die FuE-Aufwendungen des Verarbeitenden Gewerbes an. Nur in Großbritannien schrumpfen sie und in Finnland wachsen sie überdurchschnittlich. Für Großbritannien stellt dieser Technikbereich also die Kehrseite des Strukturwandels in Forschung und Entwicklung dar, während Finnland sich durch den Erfolg eines Unternehmens (Nokia, siehe Fallstudie Telekommunikation) bei FuE in der Nachrichtentechnik zu spezialisieren beginnt. Der hier ausgewiesene Bereich ist allerdings sehr inhomogen. Er wird stark vom Niedergang der Unterhaltungselektronik in Europa geprägt. Spezielle Aussagen zur Nachrichtentechnik und zur Halbleitertechnik sind mit diesen Zahlen zudem nur eingeschränkt möglich.

2.2 Informationsquellen für Innovationen und Technologieerwerb aus dem Ausland

In den Unternehmen werden Innovationen durch Kombination von intern generiertem Wissen und Informationen aus externen Quellen hervorgebracht. Die Fülle und der Zugang zu ökonomisch verwertbarem Wissen ist neben der Marktnachfrage und den Bedingungen für die Wissensaneignung (Schutz des Wissens) eine wesentliche Determinante des technischen Wandels. Diese wird in der industrieökonomischen Literatur unter den Begriff der "technischen Möglichkeiten" gefaßt (vgl. Harabi 1997). Studien zur Innovationstätigkeit der Industrie weisen daraufhin, daß die Bedeutung von Wissensquellen für Innovationen in den Branchen oder Technologien unterschiedlich ist (vgl. Cohen 1995). Zwar müssen zur erfolgreichen Umsetzung von Innovationen Nachfrage und Erzeugung technischen Wissens eng verzahnt sein (vgl. Dosi 1988), in einigen Branchen werden Innovationen jedoch primär durch neue wissenschaftliche Erkenntnisse gespeist, in anderen vor allem durch eine Veränderung der Nachfragepräferenzen. Die Frage, wie bedeutsam verschiedene externe Partner bei den FuE-Aktivitäten für die Unternehmen sind (z.B. Universität versus Kunde), hängt mithin von der Technologie selbst ab. Empirische Studien haben darauf hingewiesen, daß die enge Kommunikation mit den jeweils relevanten Partnern wichtig und dabei die regionale Nähe zum Partner von Vorteil ist. Daraus wird die These der Bedeutung der regionalen Informationsausstattung in der Standorttheorie abgeleitet, auf die auch bei der regionalen Verteilung der FuE-Aktivitäten multinationaler Unternehmen Bezug genommen wird. Die Nähe zum jeweils relevanten Kooperationspartner ist demnach ein Standortfaktor für FuE.

Einen wichtigen Hinweis auf die Relevanz der Informationsquellen für die hier untersuchten Technikfelder liefert das Mannheimer Innovationspanel, das rund 3.000 Unternehmen in West- und Ostdeutschland umfaßt. In der ersten Welle im Jahr

1993 wurde nach der Bedeutung von verschiedenen Informationsquellen für Innovationen gefragt. Aus der zweiten Welle im darauf folgenden Jahr ist bekannt, ob FuE in den Technologiefeldern Mikroelektronik und Halbleitertechnik, Biotechnologie/ Pharmazeutik oder Informations- und Telekommunikationstechnik betrieben wurde. Die Rangfolge der Bedeutung der Informationsquellen ist in den Branchen im Verarbeitenden Gewerbe im wesentlichen gleich, auch im Vergleich über mehrere Jahre (Licht, Stahl 1997, 34f.). Dabei stellen Kunden, Lieferanten und Wettbewerber für die meisten Unternehmen die wichtigsten Informationsquellen dar, während die wissenschaftliche Seite (Hochschulen, öffentliche Forschungsinstitute) für weniger Unternehmen eine wichtige Quelle ist.

Es ergeben sich allerdings - unter Berücksichtigung der Unternehmensgrößenstruktur und der FuE-Intensität - bedeutende Akzentverschiebungen, wenn Technikfelder betrachtet werden: So weisen Unternehmen, die FuE in der Mikroelektronik betreiben, den marktseitigen Quellen eine signifikant höhere Bedeutung zu (vgl. Tab. II.2-1). Pharmafirmen und andere Unternehmen, die FuE in der Biotechnologie durchführen (z.B. Lebensmittel, Maschinenbau), geben statt dessen den wissenschaftlichen Quellen wie Hochschulen und auch den eigenen FuE-Aktivitäten höhere Bedeutung. Innovationen in diesem Technikfeld sind also stärker "an die Wissenschaft gebunden" (vgl. Grupp, Schmoch 1992b), während der Halbleiterbereich als reife Technik stark auf die Anwendung beim Kunden ausgerichtet ist - zumindest in Deutschland.

Tabelle II.2-1: Bedeutung der Informationsquellen für Innovationen in den drei Technikfeldern

	eigene FuE	Hochschulen	FuE-Institute	Patentschriften	Marktforschung	Messen	Kunden	Management
Mikroelektronik/Halbleitertechnik						++	+	+
Biotechnologie/ Pharmazeutik	++	+	+					
Informations-/ Komm.-technik		+		-	+			

Anmerkung: ++/+ überdurchschnittlich häufig angegeben mit 5%/10% Signifikanzniveau
--/- unterdurchschnittlich häufig angegeben mit 5%/10% Signifikanzniveau
Die Analyse der Bedeutung der Informationsquellen auf einer 5-teiligen Skala erfolgte auf Basis geordneter Probitmodelle unter Berücksichtigung der Größe und der FuE-Aufwendungen des Unternehmens.

Quelle: ZEW Mannheimer Innovationspanel, 1994

Die Informations- und Kommunikationstechnik gibt hierbei ein zweideutiges Bild ab. Zum einen weist die hohe Signifikanz der Marktforschung auf die Bedeutung der zukünftigen Nachfragepräferenz für Innovationen hin, zum anderen sind die Arbeiten der Hochschulen überdurchschnittlich wichtig (vgl. Tab. II.2-1). Die Nähe der FuE-Aktivitäten zu Kunden kann folglich bei der Halbleitertechnik wichtiger sein. In der Pharmazeutik und Biotechnologie und teilweise auch in der Telekommunikation kann dagegen die Nähe zu wissenschaftlichen Einrichtungen die regionale Verteilung zumindest der Forschungsaktivitäten multinationaler Unternehmen stärker beeinflussen.

Ein zweiter Aspekt der externen Wissensbeschaffung sind die genutzten Wissenstransferinstrumente. Technisches Wissen für Innovationen kann auf verschiedenen Wegen beschafft werden. Die Häufigkeit der Nutzung dieser Instrumente sagt etwas über die Bedeutung externer Quellen für die Innovationstätigkeit aus. Zudem kann hier nach inländischen und ausländischen Instrumenten unterschieden werden, also Hinweise auf einen über- oder unterdurchschnittlichen Technologiebezug aus dem Ausland. Für die drei Technikfelder ergibt sich folgendes Bild (vgl. Tab. II.2-2): Die deutschen Firmen mit FuE in der Mikroelektronik, sowie der Pharmazeutik/Biotechnologie greifen weit häufiger auf Technologieerwerb im Ausland zurück als andere FuE-betreibende Unternehmen. Die Firmen der IuK-Technologien sind dagegen überdurchschnittlich auf inländische Quellen konzentriert. Dies kann als Hinweis auf den Internationalisierungsgrad aber auch auf die internationale Stärke der deutschen Industrie in diesem Feld und dem technischen Aufholprozeß in den beiden erstgenannten Gebieten gedeutet werden.

Tabelle II.2-2: Instrumente des Technologieerwerbs von FuE-betreibenden Unternehmen in den drei Technikfeldern

	Lizenz-erwerb	Beratung	Erfahrungs-austausch	FuE-Aufträge	Firmen-kauf	Joint-Venture	Qualifiz. Personal
Mikroelektronik/Halbleitertech.			+ Ausland				
Biotechnologie/ Pharmazeutik					++ Ausland	++ Ausland	++ Ausland
Informations-/ Komm.-technik	++ Inland	- Ausland	-- Ausland				

Anmerkung: ++/+ überdurchschnittlich häufig angegeben mit 5%/10% Signifikanzniveau
--/- unterdurchschnittlich häufig angegeben mit 5%/10% Signifikanzniveau.
Ausland: über-/unterdurchschnittlicher Technologiebezug aus dem Ausland.
Die Analyse erfolgt auf Basis von Probitmodellen unter Berücksichtigung der Unternehmensgröße und der FuE-Aufwendungen.

Quelle: ZEW Mannheimer Innovationspanel, 1994

In der Pharmazeutik wird der Trend zur Akquisition kleiner High-tech-Firmen im Ausland und internationaler Joint Ventures besonders deutlich (vgl. Tab. II.2-2). Vor allem in der Biotechnologie greifen die großen Firmen auf die Flexibilität und neues Wissen kleiner Forschungsunternehmen zurück. Dies ist ein wesentliches Instrument der Internationalisierung der FuE großer Unternehmen. Gleichzeitig werden auch ausländische Wissenschaftler als Know-how-Quelle betrachtet, was in der deutschen Industrieforschung nach empirisch verfügbaren Informationen sehr selten ist (siehe auch Pfeiffer, Falk 1999, 95). In der Mikroelektronik spielen diese Transfermechanismen keine übergeordnete Rolle, nur der internationale Erfahrungsaustausch wird häufiger von den Unternehmen angegeben. Technologieerwerb durch Firmenübernahmen im Ausland ist hier nicht die treibende Kraft der FuE-Internationalisierung. In der Telekommunikation hat offenbar das Motiv, Technologie aus dem Ausland zu erwerben, eine unterdurchschnittliche Bedeutung. Daneben fällt der Widerspruch von hoher Gewichtung der Lizenzierung bei unterdurchschnittlicher Bedeutung der Patentschriften auf (vgl. Tab. II.2-1 und II.2-2). Es hat sich in den Unternehmensinterviews gezeigt, daß der Lizenzerwerb auch deshalb an Häufigkeit zugenommen hat, da die sogenannten "*Cross-licencing agreements*", also der gegenseitige Austausch von Nutzungsrechten, immer wichtiger werden.

2.3 Produktion und FuE japanischer Unternehmen in Europa

Japanische Unternehmen haben in der zweiten Hälfte der 80er Jahre ihr Engagement im Ausland beträchtlich erhöht, nachdem sie bis dahin vergleichsweise geringe Direktinvestitionen im Ausland getätigt haben. Auch in Europa stieg nach 1985 die Zahl der von japanischen Unternehmen errichteten oder erworbenen Tochterunternehmen stark an (vgl. Abb. II.2-3). Die japanische Außenhandelsorganisation JETRO befragt japanische Unternehmen (Firmen, an deren Kapital japanische Investoren mit mindestens 10 % beteiligt sind) im Verarbeitenden Gewerbe jährlich zu ihren Aktivitäten in Produktion und FuE in Europa.[2] Aus den Befragungsergebnissen lassen sich auch einige Informationen über japanische Unternehmen in Europa in den Branchen Pharmazeutik und elektronische Komponenten gewinnen, in die auch zwei der hier betrachteten Technikfelder fallen.

Insgesamt sind im Verarbeitenden Gewerbe über 60 % der Unternehmen mit japanischer Kapitalbeteiligung in Europa "auf der grünen Wiese" neu errichtet worden, gut 20 % der Unternehmen entstanden durch Akquisition, an knapp 15 % der Unternehmen besteht (zunächst nur) eine japanische Minderheitsbeteiligung am Kapital. In Irland, den Niederlanden und Großbritannien liegt der Anteil der neu errichteten Unternehmen höher als im Durchschnitt der europäischen Standorte. In Deutschland wurden im Vergleich etwas mehr Unternehmen aufgekauft als im

2 Vgl. JETRO (1997).

Durchschnitt. Deutlich überdurchschnittlich ist der Anteil der neu errichteten Unternehmen in der Branche elektronische Komponenten mit 80 %.

Abbildung II.2-3: Japanische Unternehmen des Verarbeitenden Gewerbes in Europa nach dem Jahr der Übernahme/ Errichtung 1980 bis 1995

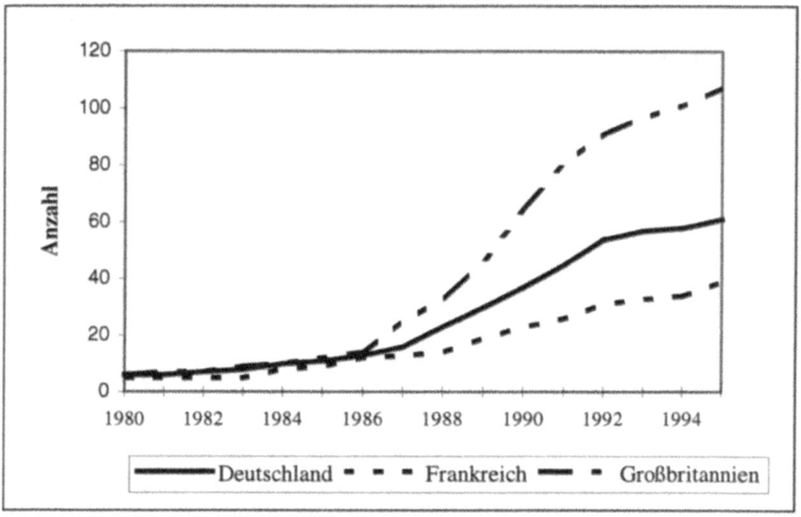

Quelle: JETRO (1997).

Die wichtigsten Produktionsstandorte japanischer Unternehmen in Europa sind 1996 gemessen an der Zahl der Beschäftigten Großbritannien (42 %), gefolgt von Frankreich, Deutschland und Spanien (jeweils etwa 10 %) und den Niederlanden (knapp 7 %). Der Anteil der forschenden Unternehmen an den produzierenden Unternehmen ist in Großbritannien und Deutschland mit jeweils 40 % unter den europäischen Ländern am höchsten. Großbritannien verfügt außerdem über 28 produktionsunabhängige FuE-Zentren japanischer Unternehmen, gefolgt von Deutschland mit 22 FuE-Zentren. In Relation zu den produzierenden Unternehmen ist die Zahl der unabhängigen FuE-Zentren in Deutschland am höchsten. Deutschland ist also aus der Sicht japanischer Unternehmen ein wichtiger Forschungsstandort in Europa, wenngleich sich das bei weitem größte Forschungs- und Produktionspotential (mit japanischer Beteiligung) in Großbritannien befindet. Grenzen des Engagements japanischer Unternehmen in FuE in Deutschland werden durch das relativ geringe Produktionspotential gesetzt.

Die Unternehmensbefragung der JETRO erlaubt für das Jahr 1996 erstmals auch eine Schätzung der Branchenstruktur der Beschäftigten in den japanischen Industrieunternehmen in Europa. Demnach entfällt etwa ein Drittel der Beschäftigten auf Unternehmen des Fahrzeugbaus (einschließlich Herstellung Automobilteile). Etwa ein Sechstel der Beschäftigten ist in japanischen Unternehmen der Branche elektronische und elektrische Geräte tätig, gut ein Zehntel jeweils in der Herstellung von elektronischen Komponenten sowie von Gummiwaren. Die pharmazeutische Industrie hat weniger als ein Prozent Anteil an den Beschäftigten in japanischen Unternehmen in Europa. Sie hat aber auch im Stammland Japan keinen höheren Anteil an den Beschäftigten im Verarbeitenden Gewerbe. In den Direktinvestitionen in Europa spiegeln sich somit Stärken der japanischen Industrie wider, die vor allem im Automobilbau und in der Elektrotechnik liegen.

In der Pharmaindustrie verfügen japanische Unternehmen nach Angaben der JETRO in Großbritannien nicht über produzierende Tochterunternehmen (vgl. Tab. II.2-3). Das Land ist jedoch wichtigster Standort in Europa für produktionsunabhängige FuE-Zentren japanischer Firmen.

Tabelle II.2-3: Unternehmen mit japanischer Beteiligung in der Pharmaindustrie in Europa 1996

	Insgesamt	darunter in: Deutschland	Irland	Spanien	Großbritannien
Unternehmen	21	5	5	4	0
Unternehmen mit FuE	11	3	1	3	0
unabhängige FuE-Zentren	11	3	0	0	6

Quelle: JETRO (1997)

Für japanische Unternehmen der Branche elektronische Komponenten ist Deutschland nach Großbritannien mit großem Abstand der zweitwichtigste Produktions- und Forschungsstandort in Europa (vgl. Tab. II.2-4). Allerdings sind über die Hälfte der Produktionsunternehmen mit japanischer Beteiligung im englischsprachigen Raum (Großbritannien und Irland) konzentriert.

Tabelle II.2-4: Unternehmen mit japanischer Beteiligung in der Branche Elektronische Komponenten in Europa 1996

	Insgesamt	darunter in: Deutschland	Irland	Frankreich	Großbritannien
Unternehmen	66	12	10	5	26
Unternehmen mit FuE	26	4	3	0	14
unabhängige FuE-Zentren	7	4	0	0	3

Quelle: JETRO (1997)

Nimmt man die Relationen zwischen der Zahl der FuE-betreibenden Unternehmen und der unabhängigen FuE-Zentren einerseits zur Zahl der Produktionsunternehmen einer Branche andererseits als Indikator für die FuE-Intensität, so liegen die Unternehmen der Branche elektronische Komponenten etwa im Durchschnitt der Unternehmen mit japanischer Beteiligung in Europa, während die Pharmaunternehmen überdurchschnittlich oft FuE durchführen. Dies hängt zum einen mit der hohen Bedeutung neuer wissenschaftlicher Erkenntnisse und der hohen Forschungsintensität in der Pharmazeutik für die Generierung der Innovation zusammen. Zum anderen müssen neue Medikamente die nationalen Anmeldeprozeduren durchlaufen und die durchführenden Entwicklungseinheiten im jeweiligen Land etabliert werden (siehe dazu die Fallstudie Pharmazeutik).

2.4 Internationalisierung von Produktion und FuE in multinationalen Unternehmen aus Sicht der USA

Einige große US-amerikanische Unternehmen haben bereits früh begonnen, ihre Produktion und FuE zu internationalisieren. Seit Mitte der 80er Jahre wurden die USA selbst zu einem attraktiven FuE-Standort für europäische und japanische Unternehmen. In den USA werden die Produktions- und FuE-Aktivitäten ausländischer Unternehmen und der US-amerikanischen Muttergesellschaften sowie ihrer Tochterunternehmen im Ausland vom Handelsministerium (Department of Commerce) auch auf Branchenebene erfaßt. Anhand dieser Daten läßt sich u.a. den Fragen nachgehen, inwieweit das Engagement multinationaler Unternehmen im Ausland in FuE und Produktion zusammenhängt und wie sich der Internationalisierungsgrad in den betrachteten Branchen unterscheidet.

Ausländische Unternehmen führen FuE-Aktivitäten in den USA vor allem in den Branchen Pharma, Elektrotechnik und Industriechemie durch. Etwa 35 % der FuE-Aufwendungen ausländischer Firmen entfielen 1994 auf die Pharmaindustrie, gut 20 % auf die Elektrotechnik und 15 % auf die Industriechemie (vgl. Abb. II.2-4).

Umgekehrt wendeten US-amerikanische Unternehmen im Ausland die meisten FuE-Aufwendungen im Fahrzeugbau (28 %) und in der pharmazeutischen Industrie (21 %) sowie in der Herstellung von Computern und Büromaschinen (15 %) auf, also in Branchen, in denen sie auf dem Weltmarkt besonders wettbewerbsfähig sind.

In der Pharmaindustrie geht die Stärke der heimischen US-Unternehmen mit einem hohen Engagement ausländischer Unternehmen in FuE in den USA einher. In der Branche Audio, Video und Kommunikationstechnik steht einem relativ großen Anteil an den FuE-Aufwendungen von ausländischen Unternehmen ein relativ geringes Gewicht dieser Branche bei den US-Unternehmen gegenüber. Umgekehrt ist es in der Branche elektronische Komponenten, die für ausländische Unternehmen kein

Schwerpunkt der FuE-Aktivitäten in den USA ist, während sie für US-amerikanische Muttergesellschaften eine relativ große Bedeutung hat (vgl. Abb. II.2-4).

Abbildung II.2-4: Anteil ausgewählter Branchen an den FuE-Aufwendungen US-amerikanischer Unternehmen in den USA und im Ausland sowie ausländischer Unternehmen in den USA 1994

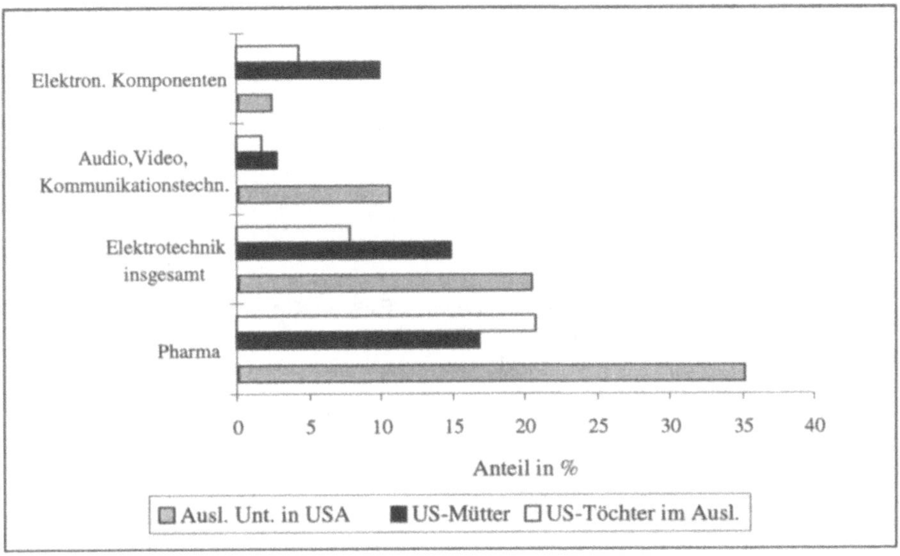

Quelle: U.S. Department of Commerce, Berechnungen des DIW

Auch in den USA zeigt sich, wie schon bei den japanischen Unternehmen, daß multinationale Unternehmen im Ausland vorwiegend in den Branchen FuE betreiben, in denen sie dies auch im Stammland tun. Umgekehrt wird in den USA deutlich, daß die FuE-Aktivitäten ausländischer und einheimischer Unternehmen durchaus komplementär sein können, d.h. daß ausländische Unternehmen sich auch in Branchen in FuE engagieren, in denen die einheimischen Unternehmen nur in geringem Umfang engagiert sind. Überraschend ist der relativ geringe FuE-Aufwand von ausländischen Unternehmen in den USA in der Branche elektronische Bauteile, die über ein besonders günstiges Umfeld für FuE verfügt. Dies spricht für die (noch) starke Konzentration der FuE-Aktivitäten in dieser Branche auf das jeweilige Stammland.

Abbildung II.2-5: Anteile der Beschäftigung, Produktion und FuE-Aufwendungen der Tochterunternehmen im Ausland von US-amerikanischen Unternehmen im Jahr 1994

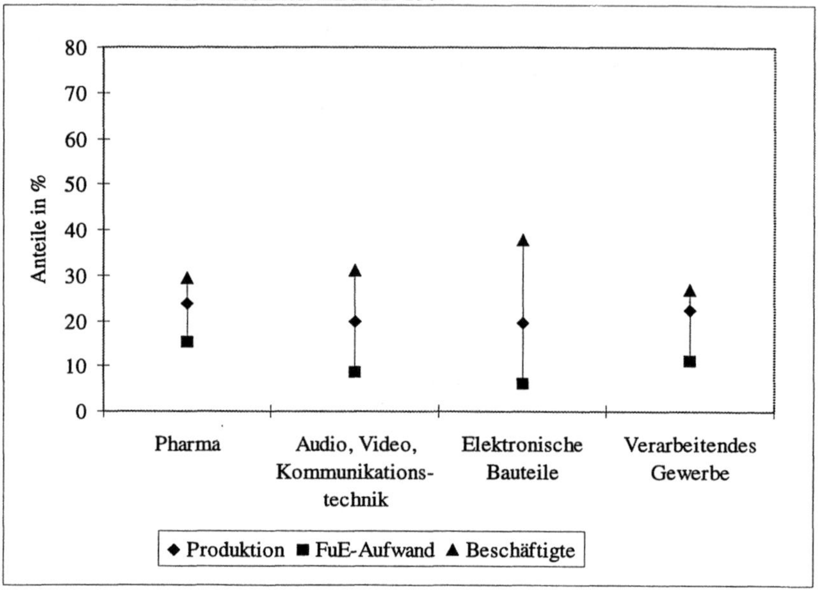

Quelle: U.S. Department of Commerce, Berechnungen des DIW.

Abbildung II.2-6: Relation von Beschäftigung, Produktion und FuE-Aufwendungen in ausländischen Unternehmen in den USA und US-amerikanischen Muttergesellschaften im Jahr 1994

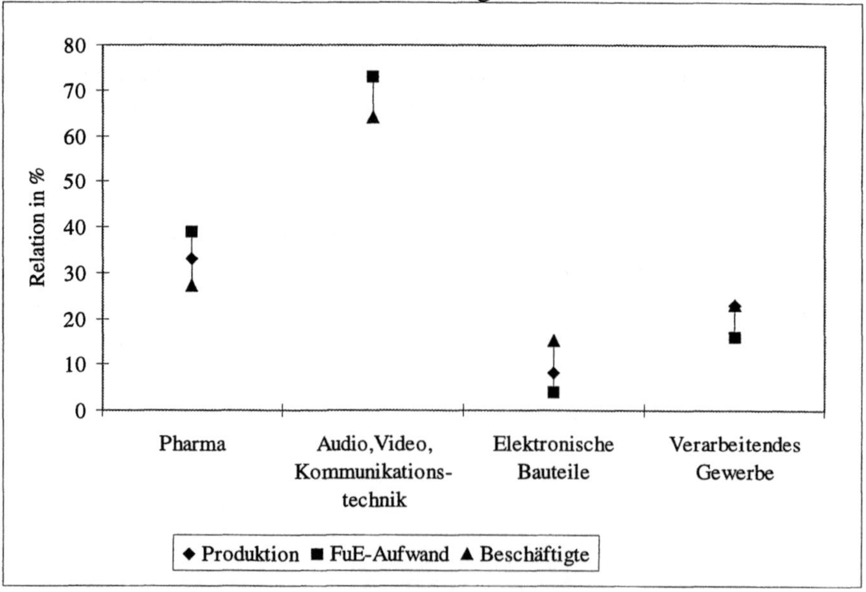

Quelle: U.S. Department of Commerce, Berechnungen des DIW.

Betrachtet man den Auslandsanteil von Beschäftigung, Produktion und FuE in US-amerikanischen Unternehmen, so zeigt sich, daß die Internationalisierung der FuE im Verhältnis zu Produktion und Beschäftigung in der Branche Elektronische Bauelemente am wenigsten entwickelt ist (vgl. Abb. II.2-5). In den USA besteht in allen betrachteten Branchen ein enger Zusammenhang zwischen dem Gewicht ausländischer Unternehmen in Beschäftigung, Produktion und FuE. Eine besonders große Bedeutung haben ausländische Unternehmen in den USA in der Branche Audio, Video und Kommunikationstechnik (vgl. Abb. II.2-6).

2.5 Patentanalyse ausgewählter Unternehmen: Wo ist der Ort der technologischen Wissensgenerierung?

Mit der Patentanalyse für ausgewählte Unternehmen in den drei Technikfeldern soll die Internationalisierung der FuE-Aktivitäten unternehmensbezogen beschrieben werden. Grundlage dieser Analyse sind die Patentanmeldungen am Europäischen Patentamt (EPA) auf der Basis von Prioritätsjahren (vgl. dazu Kapitel II.1.1). In den drei ausgewählten Technikfeldern wurden jeweils für 16 Unternehmen die Patentanmeldungen im Bereich Pharmazeutik, Halbleiter und Telekommunikationstechnik für die drei Zeiträume 1983-86, 1987-90 und 1991-94 ausgewertet. Wie in Kapitel II.1.1 ausführlich dargestellt, ist das methodische Problem dieser unternehmensbezogenen Analyse, daß der jeweilige Konzern durch ein vollständiges Set von Anmeldernamen definiert werden muß, um die Tochterunternehmen einzubeziehen. Aufgrund der hohen dynamischen Entwicklung bei der Akquisition, Fusion und Reorganisation der Unternehmen, gerade in den untersuchten Technikgebieten, besteht in dieser Bestimmung der Grenzen des Konzerns bzw. des Unternehmens die größte methodische Unsicherheit.

Im Bereich der Pharmazeutik machen die 16 analysierten Unternehmen etwa 14 % der Patentanmeldungen am Europäischen Patentamt weltweit für den Zeitraum 1991-94 aus. Die Verteilung der Patente der ausgewählten Firmen folgt in etwa der Länderverteilung der gesamten Patentanmeldungen. Die Bundesrepublik ist, entsprechend der Forschungsfrage, bei den Patentanmeldungen der 16 Unternehmen mit 18 % deutlich übergewichtet (vgl. Tab. II.2-5). Bei der Betrachtung der Patente der ausgewählten Unternehmen fällt auf, daß der Patentanteil der ausländischen Unternehmen in der Bundesrepublik mit 9 % deutlich unter dem Patentanteil der ausländischen Firmen in Frankreich (31 %) oder Großbritannien (45 %) liegt.

Tabelle II.2-5: Internationale Verteilung der Patente für 16 ausgewählte Unternehmen in der Pharmazeutik

Pharmazeutik	EU	FRA	DEU	GBR	NDL	ITA	CHE	CAN	USA	JPN	Restliche Welt	Insgesamt
Anzahl Patente insgesamt	5731	946	1520	1392	276	484	280	347	8217	2028	921	17523
Verteilung nach Ländern	32,7%	5,4%	8,7%	7,9%	1,6%	2,8%	1,6%	2,0%	46,9%	11,6%	5,3%	100%
Anzahl erfaßter Patente der Firmen	983	178	448	186	17	39	33	32	1131	287	25	2491
Verteilung nach Ländern	39,5%	7,1%	18,0%	7,5%	0,7%	1,6%	1,3%	1,3%	45,4%	11,5%	1,0%	100%
Anzahl Patente ausländischer Unternehmen 1)	181	55	40	83	17	39	3	32	316	97		630
Verteilung nach Ländern	28,8%	8,8%	6,4%	13,2%	2,7%	6,2%	0,5%	5,1%	50,2%	15,5%		100%
Patentanteil ausländischer Unternehmen	18,4%	31,0%	9,0%	44,9%	100%	100%	9,6%	100%	27,9%	34,0%		25,3%
Anzahl Patente mit Herkunft Stammland 2)	802	123	408	103			30		815	189		1836
Anteil Patente mit Herkunft Stammland	74,8%	75,4%	58,5%	62,3%			14,5%		79,9%	97,4%		73,7%
Anzahl Patente mit Herkunft Ausland 3)	271	40	290	62			175		205	5		655
Anteil Patente mit Herkunft Ausland	25,2%	24,6%	41,5%	37,7%			85,5%		20,1%	2,6%		26,3%
Anzahl Patente der Unternehmen 4)	1073	163	698	165			204		1020	194		2491
Verteilung nach Ländern	43,1%	6,5%	28,0%	6,6%			8,2%		40,9%	7,8%		100%

Lesebeispiele:

1) In Frankreich haben die untersuchten ausländischen Firmen 55 Patente angemeldet.

2) Die untersuchten deutschen Unternehmen haben 408 Patente mit Herkunft Deutschland angemeldet.

3) Die untersuchten britischen Unternehmen haben 62 Patente mit Herkunft Ausland angemeldet.

4) Die untersuchten US-Firmen haben weltweit insgesamt 1020 Patente am EPA angemeldet.

Im Vergleich mit diesen Ländern scheint der deutsche Standort für die FuE-Aktivitäten der ausländischen Unternehmen eine geringere Attraktivität aufzuweisen. Innerhalb Europas steht offenbar Großbritannien an vorderster Stelle. Der Patentanteil der ausländischen Unternehmen ist in den USA mit 28 % und in Japan mit 34 % ebenfalls höher als in der Bundesrepublik.

Betrachtet man den Ort der Erfindung bei den ausgewählten Unternehmen, so stellt man fest, daß der Anteil der Patente mit ausländischer Herkunft von deutschen Unternehmen mit 41,5 % über den Anteilen der französischen (25 %) und der britischen Firmen (38 %) liegt (vgl. Tab. II.2-5). Dies bedeutet, daß die untersuchten deutschen Unternehmen eine stärkere Auslandsorientierung haben und technologisches Wissen stärker im Ausland generiert wird. Die deutschen Firmen liegen deutlich über dem Durchschnitt anderer Länder in der Europäischen Union. Die untersuchten US-Firmen sind dagegen mit 20 % Patentanteil mit Herkunft Ausland wesentlich geringer internationalisiert. Der ausgesprochen niedrige Anteil von Patenten mit ausländischer Herkunft bei den untersuchten japanischen Firmen von unter 3 % verdeutlicht den sehr niedrigen FuE-Internationalisierungsgrad. Wird lediglich das Teilgebiet der Biotechnologie (Enzyme, Mikroorganismen, Seren, Vakzine) betrachtet, so steigt die Attraktivität der USA nochmals deutlich an: 35 % der Patente in diesem Bereich werden von den untersuchten ausländischen Unternehmen angemeldet. Die Interpretation dieser Daten ist aufgrund der geringen Patentzahlen der ausgewählten Unternehmen mit Vorsicht durchzuführen. Zumindest deuten die Daten darauf hin, daß die USA, Japan und Großbritannien als Standort für ausländische Unternehmen für die Generierung von technologischem Wissen eine hohe Attraktivität besitzen.

Im Bereich der Halbleitertechnologie machen die erfaßten Patente der 16 ausgewählten Firmen mit 34 % an den Patentanmeldungen in diesem Bereich insgesamt einen wesentlich höheren Anteil als bei den pharmazeutischen Unternehmen aus. Bei der Verteilung der Patente nach Ländern fällt auf, daß die Bundesrepublik bei den Patenten der untersuchten Firmen mit 17 % und Japan mit knapp 40 % einen höheren Anteil und die USA mit 31 % einen geringeren Anteil haben (vgl. Tab. II.2-6). Im Bereich der Halbleitertechnologie zeichnet sich ein modifiziertes Bild im Vergleich zur Pharmazeutik für die Bundesrepublik ab. Mit 13 % liegt der Anteil der Patente mit ausländischer Herkunft der untersuchten deutschen Unternehmen unter dem Patentanteil mit ausländischer Herkunft in den untersuchten niederländischen (37 %) und amerikanischen (21 %) Firmen.

Bei den untersuchten japanischen Firmen ist der Anteil der Patente mit ausländischer Herkunft wiederum mit 2 % ausgesprochen gering und deutet auch hier auf den niedrigen FuE-Internationalisierungsgrad japanischer Firmen hin. Der Anteil der Patente der untersuchten ausländischen Unternehmen ist in Deutschland, USA und Japan mit um die 10 % in etwa gleich. Offenbar haben alle drei Standorte für die FuE-Aktivitäten ausländischer Unternehmen eine ähnliche Anziehungskraft.

Tabelle II.2-6: Internationale Verteilung der Patente für 16 ausgewählte Unternehmen in der Halbleitertechnik

Halbleiter	EU	FRA	DEU	GBR	NDL	ITA	CHE	CAN	USA	JPN	Restliche Welt	Insgesamt
Anzahl Patente insgesamt	1282	292	500	135	142	140	59	24	2253	1896	107	5622
Verteilung nach Ländern	22,8%	5,2%	8,9%	2,4%	2,5%	2,5%	1,0%	0,4%	40,1%	33,7%	1,9%	100%
Anzahl erfaßter Patente der Firmen	539	22	330	66	116	2	13	1	594	762	9	1918
Verteilung nach Ländern	28,1%	1,1%	17,2%	3,4%	6,0%	0,1%	0,7%	0,1%	31,0%	39,7%	0,5%	100%
Anzahl Patente ausländischer Unternehmen 1)	62	22	33	66	0	2	13	1	52	78		329
Verteilung nach Ländern	18,8%	6,7%	10,0%	20,1%	0,0%	0,6%	4,0%	0,3%	15,8%	23,7%	0,0%	100%
Patentanteil ausländischer Unternehmen	11,5%	100%	10,0%	100%	0,0%	100%	100%	100%	8,8%	10,2%	0,0%	17,2%
Anzahl Patente mit Herkunft Stammland 2)	476		297		116				542	684		1702
Anteil Patente mit Herkunft Stammland	90,8%		86,8%		63,4%				78,6%	97,7%		100%
Anzahl Patente mit Herkunft Ausland 3)	48		45		67				148	16		
Anteil Patente mit Herkunft Ausland	9,2%		13,2%		36,6%				21,4%	2,3%		0,0%
Anzahl Patente der Unternehmen 4)	524		342		183				690	700		1914
Verteilung nach Ländern	27,4%		17,9%		9,6%				36,1%	36,6%		100%

Lesebeispiele:

1) In Frankreich haben die untersuchten ausländischen Firmen 22 Patente angemeldet.

2) Die untersuchten deutschen Unternehmen haben 297 Patente mit Herkunft Deutschland angemeldet.

3) Die untersuchten niederländischen Unternehmen haben 67 Patente mit Herkunft Ausland angemeldet.

4) Die untersuchten US-Firmen haben weltweit insgesamt 690 Patente am EPA angemeldet.

Tabelle II.2-7: Internationale Verteilung der Patente für 16 ausgewählte Unternehmen in der Telekommunikationstechnik

Telekom	EU	FRA	DEU	GBR	NDL	ITA	CHE	CAN	USA	JPN	Restliche Welt	Insgesamt
Anzahl Patente insgesamt	5465	1130	1693	935	507	186	213	180	4602	3153	428	14042
Verteilung nach Ländern	38,9%	8,0%	12,1%	6,7%	3,6%	1,3%	1,5%	1,3%	32,8%	22,5%	3,1%	100%
Anzahl erfaßter Patente der Firmen	2816	295	1146	313	356	27	24	56	1412	1587	36	5931
Verteilung nach Ländern	47,5%	5,0%	19,3%	5,3%	6,0%	0,5%	0,4%	0,9%	23,8%	26,8%	0,6%	100%
Anzahl Patente ausländischer Unternehmen 1)	109	70	338	192	26	27	24	17	210	7	19	1039
Verteilung nach Ländern	10,5%	6,7%	32,5%	18,5%	2,5%	2,6%	2,3%	1,6%	20,2%	0,7%	1,8%	100%
Patentanteil ausländischer Unternehmen	3,9%	23,7%	29,5%	61,3%	7,3%	100%	100%	30,4%	14,9%	0,4%	52,8%	17,5%
Anzahl Patente mit Herkunft Stammland 2)	2707	225	808	121	330			39	1202	1580		5528
Anteil Patente mit Herkunft Stammland	93,1%	45,1%	85,6%	95,3%	52,3%			39,0%	94,6%	95,6%		93,2%
Anzahl Patente mit Herkunft Ausland 3)	202	274	136	6	301			61	69	73		405
Anteil Patente mit Herkunft Ausland	6,9%	54,9%	14,4%	4,7%	47,7%			61,0%	5,4%	4,4%		6,8%
Anzahl Patente der Unternehmen 4)	2909	499	944	127	631			100	1271	1653		5933
Verteilung nach Ländern	49,0%	8,4%	15,9%	2,1%	10,6%			1,7%	21,4%	27,9%		100%

Lesebeispiele:

1) In Frankreich haben die untersuchten ausländischen Firmen 70 Patente angemeldet.

2) Die untersuchten deutschen Unternehmen haben 808 Patente mit Herkunft Deutschland angemeldet.

3) Die untersuchten britischen Unternehmen haben 6 Patente mit Herkunft Ausland angemeldet.

4) Die untersuchten US-Firmen haben weltweit insgesamt 1271 Patente am EPA angemeldet.

Im Vergleich zur pharmazeutischen Industrie ist der deutsche Standort offenbar für ausländische Unternehmen im Vergleich mit Japan und USA wesentlich attraktiver. Zudem führen die untersuchten deutschen Firmen den überwiegenden Teil ihrer FuE-Arbeiten nach wie vor in der Bundesrepublik durch.

Die 16 untersuchten Unternehmen im Bereich Telekommunikationstechnik machen mit 42 % der Patentanmeldungen am EPA im Telekommunikationsbereich insgesamt einen sehr hohen Anteil aus. Beim Vergleich der Verteilung der Patente nach Ländern fällt auf, daß wieder entsprechend der Forschungsfrage, die Bundesrepublik bei den erfaßten Patenten der Firmen mit 19 % aber auch Japan mit 27 % übergewichtet wird (vgl. Tab. II.2-7). Bei den Patenten der untersuchten Firmen ist dagegen die USA mit 24 % untergewichtet.

Im Vergleich zur pharmazeutischen Industrie wird wiederum deutlich, daß für die untersuchten ausländischen Unternehmen der deutsche Standort im Vergleich zu den USA und Japan eine hohe Attraktivität aufweist: In der Bundesrepublik beträgt der Patentanteil der untersuchten ausländischen Unternehmen etwa 30 %, in den USA liegt dieser bei 15 % und in Japan unter 1 % (vgl. Tab. II.2-7). Innerhalb Europas weist Großbritannien mit einem Patentanteil der untersuchten ausländischen Firmen von 61 % eine sehr hohe Attraktivität aus. Der Anteil der Patente mit ausländischer Herkunft der untersuchten deutschen Firmen ist mit 14 % im Telekommunikationsbereich ähnlich dem im Bereich Halbleiter. Die untersuchten US-Firmen sind mit einem Anteil von 5 % der Patente mit ausländischer Herkunft gering internationalisiert. Bei den untersuchten japanischen Unternehmen beträgt dieser Anteil nur etwa 4 %, ist damit allerdings höher als im Bereich der Pharmazeutik und Halbleiter. Insgesamt gesehen weist der deutsche Standort aus dem Blick der untersuchten Firmen im Bereich der Telekommunikation eine hohe Attraktivität für ausländische Unternehmen auf - bei einem moderaten Internationalisierungsgrad der deutschen Unternehmen.

Schlußfolgerungen aus diesen Daten müssen, wie gesagt, aufgrund der geringen Patentzahl der untersuchten Firmen mit Vorsicht gezogen werden. Offensichtlich zeigt sich aber im Vergleich der drei Technikfelder untereinander, daß der Internationalisierungsgrad der FuE im Bereich Pharmazeutik insgesamt am weitesten vorangeschritten ist. Dieser im Vergleich zu den anderen beiden Technikfeldern überdurchschnittliche Internationalisierungsgrad drückt sich dahingehend aus, daß die untersuchten Firmen überdurchschnittlich technologisches Wissen im Ausland generieren. In der Pharmazeutik ist aus der Sicht der untersuchten Unternehmen die Attraktivität des FuE-Standorts Deutschland am niedrigsten. Die untersuchten deutschen Arzneimittelhersteller weisen eine ausgesprochen hohe Auslandsorientierung im Vergleich zu den untersuchten Firmen aus anderen Ländern und den beiden anderen Technikfeldern auf. Die japanischen Konzerne weisen insgesamt gesehen den niedrigsten FuE-Internationalisierungsgrad auf.

III. Internationalisierung technologischer Kompetenzen in der Pharmazeutik

(Guido Reger und Sybille Hinze)

1. Markt und Technikentwicklung

1.1 Marktdynamik, Produktion und Wettbewerb

Die pharmazeutische Industrie basiert auf globalen Produkten, die aber in national segmentierten Märkten verkauft werden müssen. Diese Segmentierung ergibt sich durch national unterschiedliche Regulierungen im Gesundheits- und Zulassungsbereich. Aufgrund dieser nationalen Segmentierung ist häufig die unmittelbare Präsenz in den Märkten für Endprodukte erforderlich. Insgesamt ist die pharmazeutische Industrie nicht so außenhandelsintensiv wie andere Sektoren des Verarbeitenden Gewerbes. Der intra-industrielle Handel mit Vorprodukten, Direktinvestitionen und Übernahmen bzw. Fusionen zur Erschließung neuer Technologien spielen eine wesentlich größere Rolle als in anderen Branchen.

Abbildung III.1-1: Globale Verteilung des Pharmamarkts von 282 Mrd. US-$, 1995

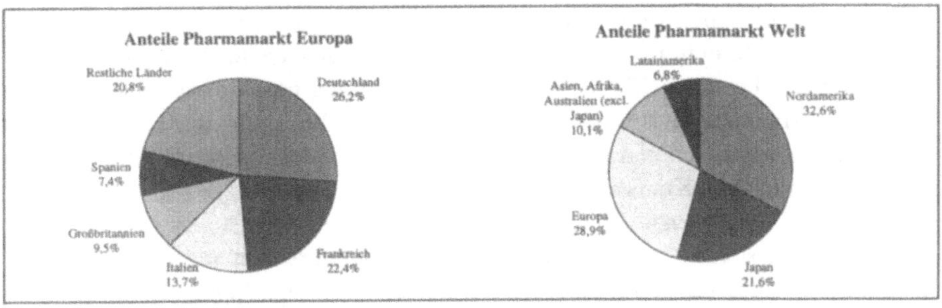

Quelle: EFPIA 1996.

Schätzungen des Volumens des Weltpharmamarktes müssen notgedrungen relativ vage bleiben und hängen u. a. davon ab, ob nur verschreibungspflichtige Medikamente einbezogen werden oder ebenfalls OTC-Produkte ("Over-the-Counter"-Produkte). So schätzt die OECD das Weltmarktvolumen für verschreibungspflichtige Produkte im Jahre 1995 auf rund 225 Mrd. US-$ (1992: 188 Mrd. US-$). Die European Federation of Pharmaceutical Industries' Associations (EFPIA, 1996) schätzt den Markt höher auf 282 Mrd. US-$ (215,8 Mrd. Euro) für 1995 ein. Unterschiedliche Schätzungen sind durchaus kompatibel, wenn berücksichtigt wird, daß der Marktanteil für OTC-Präparate in den sechs größten OECD-Staaten ungefähr 16 % beträgt. Quantitativ die größte Bedeutung hat Nordamerika mit 32,6 %, gefolgt von Europa mit 28,9 % und Japan mit 21,6 % Weltmarktanteil (vgl. Abb.

III.1-1). Innerhalb Europas steht Deutschland mit einem Anteil am europäischen Pharmamarkt von 26,2 % an erster Stelle, es folgen Frankreich mit 22,4 %, Italien mit 13,7 % und Großbritannien mit 9,5 %.

Über 70 % der weltweiten Produktion und des weltweiten Konsums von Pharmazeutika entfielen 1990 auf die OECD-Staaten. Dabei produzieren die OECD-Staaten geringfügig mehr als sie konsumieren. Bei den anderen Staatengruppen ist der Konsum jeweils etwas höher als die Produktion. Diese globale Verteilung ist auch langfristig relativ stabil. In den 15 Jahren von 1975 bis 1990 ist der Anteil der OECD-Staaten bei der Produktion und beim Konsum um ca. 6 Prozentpunkte gestiegen, während die Anteile der anderen Staatengruppen entsprechend gefallen sind.

Im Vergleich zum Verarbeitenden Gewerbe weist der Pharmasektor überdurchschnittliche Wachstumsraten auf, und das Wachstum ist relativ unabhängig von konjunkturellen Zyklen. Dieses relativ gleichmäßige Wachstum zeigt sich im Verlauf der Produktion von Pharmazeutika in Mrd. Kaufkraftparitäten US-$ (KKP-$) (vgl. Abb. III.1-2).[1] Vor allem drei Kräfte treiben das Wachstum voran (vgl. OECD 1996, 73): Zum einen findet eine Erweiterung des Marktes für Gesundheitsfürsorgeprodukte in den OECD-Ländern statt und zwar durch eine bessere Versorgung von ärmeren Bevölkerungsteilen und expandierenden Märkten in einigen Nicht-OECD-Staaten. Zum zweiten werden durch das Auftreten von neuen Krankheiten wie z.B. neue Infektionskrankheiten (AIDS) oder degenerativen Krankheiten in Folge der zunehmenden Überalterung der Bevölkerung neue Arzneimittel notwendig. Zum dritten hat der rapide technische Wandel durch die Biotechnologie die Entwicklung neuer Generationen spezifischer Arzneimittel zur Behandlung von bisher unbehandelbaren Krankheiten vorangetrieben.

Hinsichtlich des Wachstums lassen sich drei Ländergruppen unterscheiden (vgl. Abb. III.1-2). In der ersten Gruppe finden sich die USA und Japan, deren Produktion 1980 bei 19,4 bzw. 11,2 Mrd. KKP-$ lag und sich bis 1994 auf 73,8 bzw. 26,8 Mrd. KKP-$ steigerte. Mit einer jährlichen durchschnittlichen Wachstumsrate von 7,5 % in dem betrachteten Zeitraum zeigte dabei die US Pharmaindustrie eine wesentlich rasantere Dynamik als die japanische, bei der ein jährlicher Anstieg um rund 5,6 % zu verzeichnen ist.

Frankreich, Großbritannien, Westdeutschland und Italien bilden eine zweite Ländergruppe mit einer relativ homogenen Entwicklung der Produktion. Bei ihnen betrug die Produktion 1980 zwischen 4,5 Mrd. KKP-$ (Italien) und 6,2 Mrd. KKP-$

---

1 Die Verwendung von Kaufkraftparitäten, die auf den jeweiligen Bruttoinlandsprodukten der betrachteten Länder beruhen, ist bei internationalen Vergleichen auf sektoraler Ebene sicherlich nicht unproblematisch, aber der einzige Weg, wenn keine entsprechenden sektoralen Preisindizes zur Verfügung stehen.

Abbildung III.1-2: Pharmaproduktion in Mrd. Kaufkraftparitäten US-$ 1980-94

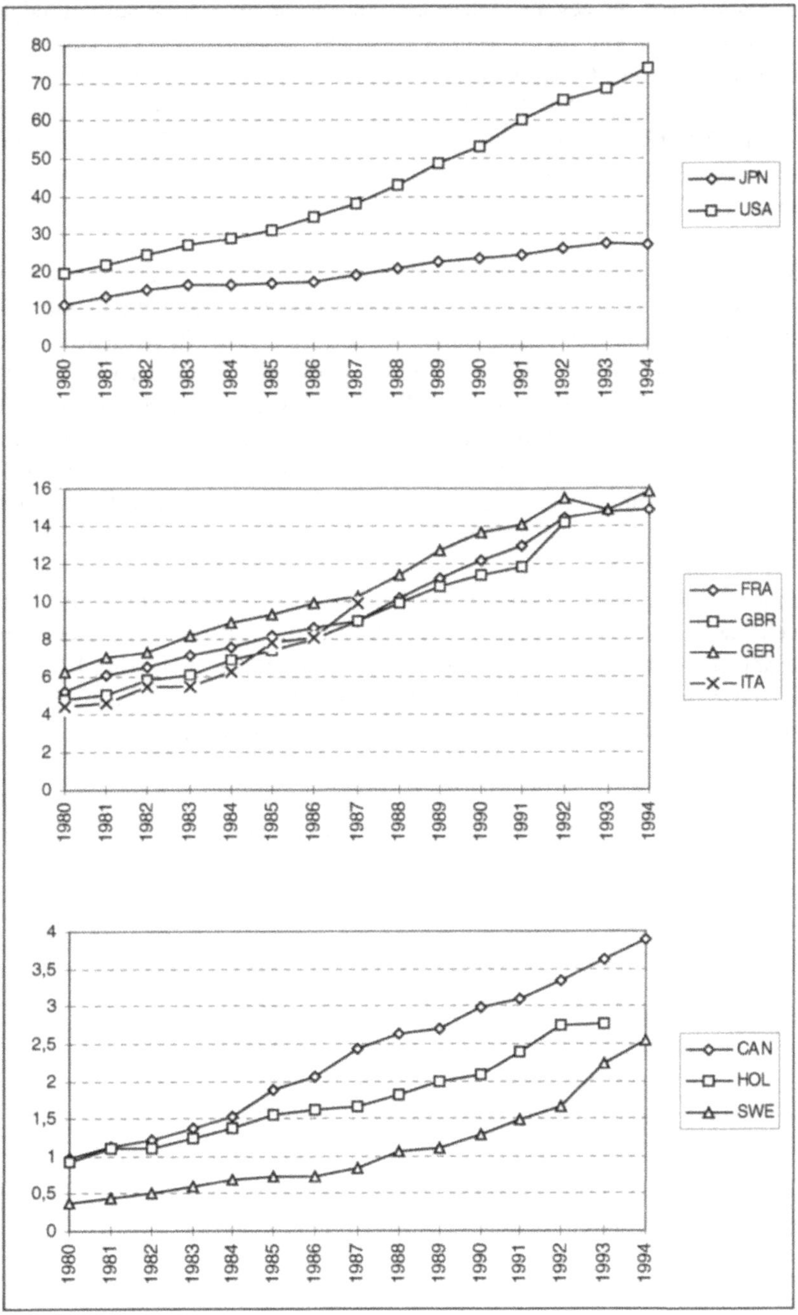

Quelle: OECD STAN-Datenbasis, eigene Berechnungen.

(Westdeutschland). Auch in den Folgejahren verlief die Entwicklung der Produktion bei diesen Ländern relativ parallel. Obwohl für Italien Daten nur bis 1987 vorliegen, kann davon ausgegangen werden, daß die italienische Pharma-Produktion auch in den Folgejahren den Anschluß innerhalb dieser Gruppe gehalten hat. Das gilt in abgeschwächter Form auch für Großbritannien, wo die Daten bis 1992 verfügbar sind. 1994 erreichte Frankreich ein Produktionsvolumen von 14,8 Mrd. KKP-$ und Westdeutschland ein Volumen von 15,8 Mrd. KKP-$. In Frankreich wuchs die pharmazeutische Produktion jährlich im Durchschnitt um 6,4 %, während in Westdeutschland die jährliche Steigerung 5,9 % betrug.

Auf deutlich niedrigem Niveau entwickelte sich die Produktion innerhalb der dritten Ländergruppe. Im Jahre 1980 lag die pharmazeutische Produktion in Kanada bei 1 Mrd. KKP-$ und in den Niederlanden bei 0,9 Mrd. KKP-$, während Schweden mit 0,4 Mrd. KKP-$ das Schlußlicht bildete. Aber auch in diesen Ländern ist ein ausgeprägtes Wachstum zu beobachten. Bis 1994 wuchs im Jahresdurchschnitt die pharmazeutische Produktion in Kanada um rund 8,5 % und in Schweden sogar um rund 9,4 %. In den Niederlanden stieg die Produktion bis 1993 um rund 6,6 % auf 2,8 Mrd. KKP-$. Somit sind es neben den USA gerade die Pharma-Produzenten in kleineren Ländern, die eine erhebliche Dynamik aufweisen.

Die kontinuierliche Ausweitung der Produktion in der pharmazeutischen Industrie hat auch dazu geführt, daß sich in den einzelnen Ländern der Anteil dieser Sektoren am gesamten Verarbeitenden Gewerbe erheblich erhöht hat (vgl. Abb. III.1-3). Relativer Spitzenreiter ist hier Schweden, das den Anteil der pharmazeutischen Industrie im betrachteten Zeitraum von 0,8 % auf 2,8 % ausgebaut hat.

Abbildung III.1-3: Prozentuale Anteile der pharmazeutischen Industrie am gesamten Verarbeitenden Gewerbe 1980-94

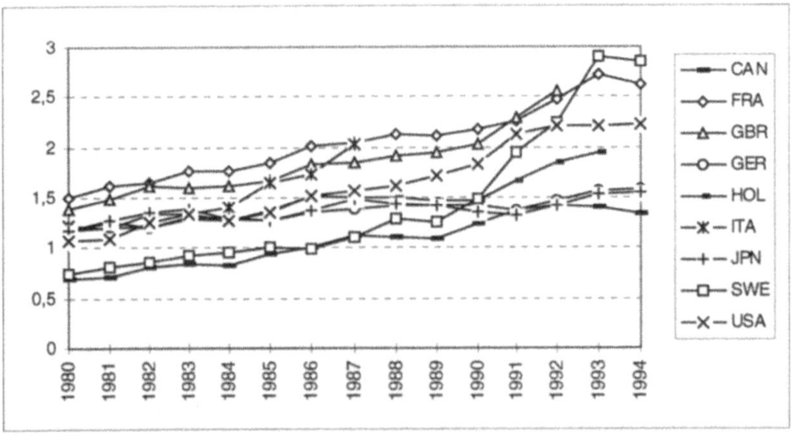

Quelle: OECD STAN-Datenbasis, eigene Berechnungen.

Einen hohen Stellenwert nimmt dieser Industriezweig auch in Frankreich ein, wo eine Erhöhung des Anteils der Pharmaindustrie am Verarbeitenden Gewerbe von 1,5 % in 1980 auf 2,6 % in 1994 stattfand. Mit Anteilen von 2,6 % in 1992 und 2,24 % in 1994 liegen Großbritannien und die USA ebenfalls im oberen Bereich. Mittlere Anteilswerte weisen die Niederlande auf, die sich von 1,2 % auf 1,9 % in 1993 bewegten. Im unteren Bereich finden sich 1994 Westdeutschland (1,6 %), Japan (1,5 %) und Kanada (1,4 %).

Es können drei Kategorien von Pharmazeutika unterschieden werden: (1) Patentierte Medikamente, (2) Medikamente, deren Patentierung abgelaufen ist bzw. Generika und (3) Over-The-Counter-Medikamente (OTC-Medikamente). In den sechs größten OECD-Staaten haben die patentierten Medikamente einen Anteil von 70 %, die Generika von 14 % und die OTC-Medikamente von 16 % (vgl. OECD 1996, 73). In bezug auf diese drei Kategorien bestehen fundamentale Unterschiede in der jeweiligen Wettbewerbsstrategie. Um zu neuen, durch Patente geschützte Medikamente zu kommen, ist der Einsatz eines relativ hohen Anteils des Umsatzes für Forschung und Entwicklung (FuE) erforderlich (in der Regel um 15 %). Durch diese Produkte werden therapeutische Innovationen gewährleistet und vorhandene Produkte verbessert. Aufgrund der Neuheit der Medikamente ist ein intensives Marketing gegenüber Ärzten und Kliniken notwendig (z.B. in den USA in der täglichen Fernsehwerbung). Aufgrund des relativ kurzen effektiven Patentschutzes von etwa 10 – 12 Jahren[2] wird ein möglichst schneller Eintritt in alle größeren Märkte angestrebt, um die FuE-Kosten amortisieren zu können. Bei Generika und OTC-Medikamenten herrscht dagegen - wenn keine Preiskontrollen existieren - ein starker Preiswettbewerb. Nur-Generika-Hersteller beschränken sich in der Regel auf Aktivitäten in heimischen Märkten. Die Orginalproduzenten konkurrieren gegen die Generika-Hersteller und erhoffen sich Wettbewerbsvorteile aufgrund der Markentreue und des Produkterkennungswertes, die eine stärkere Produktdifferenzierung und höhere Preise erlauben. Der FuE-Anteil der Hersteller von Generika und OTC-Medikamenten ist wesentlich geringer als bei den forschungsintensiven, patentierten Präparaten.

Zwischen verschreibungspflichtigen und nicht-verschreibungspflichtigen Medikamenten findet eine Verschiebung statt. In den Ländern, in denen massive Kostendämpfungsmaßnahmen im Gesundheitswesen ergriffen wurden, haben sich die Umsätze von verschreibungspflichtigen Medikamenten verringert. Dieser Umsatzrückgang betrug beispielsweise in Deutschland im Jahr 1993 15 % und in Italien in der

2 Die absolute Patentlaufzeit wurde mittlerweile auf 20 – 25 Jahre ausgedehnt. Da das Patent z.B. auf einen neuen Wirkstoff jedoch bereits in der Präklinik angemeldet wird, verringert sich die effektive Patentlaufzeit durch die Zeit der klinischen Forschung und der Zulassungsverfahren. Die effektiv ausschöpfbare Patentlaufzeit ist einer Studie zufolge international und in Deutschland von 1960 bis 1990 von 16 auf etwa 8 – 9 Jahre gesunken (vgl. The Boston Consulting Group 1995, 102 ff.). Wesentlich wird dieser Trend u.a. durch die erhebliche Verlängerung der Entwicklungszeiten von 2 – 4 Jahre Anfang der 60er Jahre auf 11 – 14 Jahre heute.

ersten Hälfte 1994 7 % gegenüber dem Vorjahr (vgl. European Commission 1995, 6-50). Im Gegensatz dazu ist der Markt von nicht-verschreibungspflichtigen OTC-Medikamenten von 1989 bis 1993 im Durchschnitt um 8,4 % gestiegen. Der Selbstmedikationsmarkt insgesamt wuchs in dieser Periode durchschnittlich um 10,2 % pro Jahr.

Die pharmazeutische Industrie wird von großen forschungsbasierten multinationalen Unternehmen geprägt. Die führenden Positionen im Ranking der 20 umsatzstärksten FuE-intensiven Unternehmen ändert sich häufig, die Gruppe dieser Unternehmen bleibt jedoch größtenteils gleich. 1992 hatten nur zwei dieser zwanzig Unternehmen einen Weltmarktanteil von mehr als 4 % (vgl. OECD 1996, 84). Keines dieser Unternehmen hatte einen Marktanteil von über 20 % in einem großen nationalen Markt. Drei dieser Unternehmen hatten 1995 einen Weltmarktanteil von über 4 %, aber nur ein Unternehmen einen Weltmarktanteil von über 5 %. Das Bild des Fehlens eines dominanten Marktanteils ändert sich jedoch, wenn man die Märkte für einzelne Therapeutika weiter differenziert: Auf die drei Spitzenprodukte in einem Submarkt entfallen im Regelfall 45 bis 60 % der Umsätze, in einigen Submärkten 80 bis 90 %. Einzelne Spitzenprodukte besetzen in Europa einen Marktanteil von 20 bis 25 %.

Ausländisch-kontrollierte Pharmaunternehmen weisen in allen nationalen Märkten erhebliche Marktanteile auf. Eine Ausnahme davon bildet der japanische Markt, der im Vergleich zu den anderen OECD-Ländern stark abgeschottet ist. Eine große Bedeutung im jeweiligen nationalen Markt der europäischen Länder haben die Unternehmen aus Westeuropa. Ausgenommen davon sind die Märkte in Großbritannien, wo US-kontrollierte Unternehmen einen höheren Marktanteil als europäisch-kontrollierte Firmen haben, und Irland, wo amerikanische Unternehmen einen Marktanteil von 75 % aufweisen.

1.2 Die Pharmabranche als wissensbasierter Sektor

Bei den hier untersuchten neun Ländern findet sich bei den absoluten FuE-Ausgaben in Mrd. KKP US-$ eine ähnliche Dreiteilung wie bei den Produktionsdaten (vgl. Abb. III.1-4). An der Spitze befinden sich wiederum die USA, wo die FuE-Ausgaben von 1,8 Mrd. US-$ in 1980 auf 9,6 Mrd. US-$ in 1994 gestiegen sind. Dies entspricht einer jahresdurchschnittlichen Wachstumsrate von 13 %. Mit deutlichem Abstand zählt Japan ebenfalls zur Spitzengruppe: hier wuchsen die FuE-Ausgaben von 0,76 Mrd. KKP US-$ im Jahre 1980 auf 3,5 Mrd. KKP US-$ in 1994, was einer jahresdurchschnittlichen Zunahme um 11,8 % entspricht. Im Mittelfeld bewegen sich Frankreich, Großbritannien, Westdeutschland und Italien. Im Ausgangszeitspunkt zu Beginn der 80er Jahre liegen die FuE-Ausgaben dieser Staaten relativ eng beieinander. Bis 1987 findet dann eine stark ausgeprägte gleichförmige Entwicklung statt. Ab 1988 weisen dann die FuE-Ausgaben der Pharma-

Abbildung III.1-4: FuE-Ausgaben in Mrd. Kaufkraftparitäten US-$ 1980 - 1994

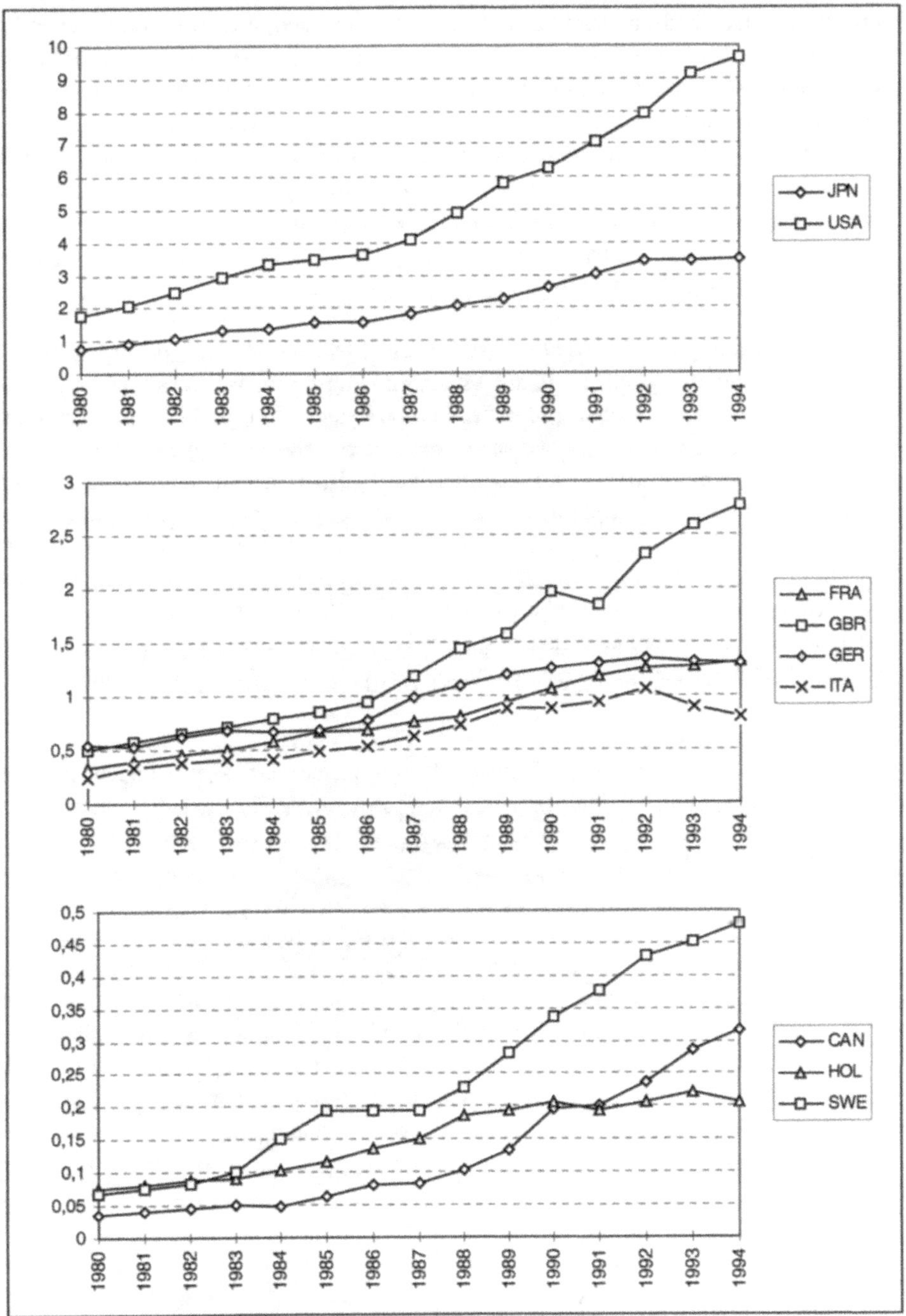

Quelle: OECD STAN-Datenbasis, eigene Berechnungen.

industrie in Großbritannien ein wesentlich rasanteres Wachstum auf als die übrigen Staaten in dieser Gruppe (vgl. Abb. III.1-4). Zudem ist am aktuellen Rand ab 1992 für Westdeutschland ein leichter und für Italien ein stärkerer Rückgang der FuE-Ausgaben in Mrd. KKP US-$ festzustellen. Insgesamt betrug das jahresdurchschnittliche Wachstum der FuE-Ausgaben zwischen 1980 und 1994 in Frankreich 10,5 %, Großbritannien 13,2 %, Westdeutschland 6,8 % und Italien 9,7 %. Im unteren Bereich der absoluten FuE-Ausgaben finden sich Kanada, die Niederlande und Schweden. Insgesamt weist Schweden das zweitstärkste Wachstum der absoluten FuE-Ausgaben auf: Zwischen 1980 und 1994 stiegen diese um rund 15,6 %. Überflügelt wurde dieses Wachstum nur von Kanada, wo die absoluten FuE-Ausgaben im Jahresdurchschnitt um 17,9 % stiegen.

Eigene Forschung und Entwicklung ist für den Erhalt und Ausbau der Innovations- und Wettbewerbsfähigkeit der Pharmaunternehmen, die im Markt mit neuen Präparaten tätig sind, von entscheidender Bedeutung. Daher zählt die Pharmaindustrie zu den Industriezweigen mit der höchsten FuE- Intensität. OECD-weit befindet diese sich stets unter den Top 4 der FuE-intensiven Industrien und rangiert derzeit auf Platz zwei hinter der Raumfahrtindustrie und vor der Computer- und Elektronikindustrie (vgl. OECD, 1996). Die Ursache dieser hohen FuE-Intensität beruht darauf, daß Innovationen stark auf den Ergebnissen wissenschaftlicher Forschung beruhen (vgl. Grupp, Schmoch 1992a und b). Die Wissenschaftsbindung im Pharmabereich liegt deutlich über dem Durchschnitt aller Technologiefelder. Dies läßt sich auch empirisch anhand der Verweise auf Nicht-Patentliteratur (NPL) in Patenten nachweisen.

In Abbildung III.1-5 sind die FuE-Intensitäten des Pharma-Sektors in neun Ländern wiedergegeben. Die FuE-Intensität in Schweden startet 1980 auf dem sehr hohen Niveau von 17,7 % und beträgt nach einigem Auf-und-Ab 18,9 % (1994). Die niedrigste FuE-Intensität weist die pharmazeutische Industrie in Kanada auf, die erst Anfang der 90er Jahre mit 8 % zum Mittelfeld aufschloß. Im Mittelfeld können wiederum drei Gruppen unterschieden werden: Im oberen Feld bewegt sich Großbritannien, dessen FuE-Intensität von 10,6 % auf 16,4 % in 1992 angewachsen ist. In der Mitte finden sich Japan und die USA, die bei ungleichen Startbedingungen (Japan 1980: 6,7 % und die USA 1980: 9,2 %) 1994 eine FuE-Intensität in der pharmazeutischen Industrie um 13 % erreichten. Das untere Mittelfeld wird durch Frankreich (1994: 8,8 %), Westdeutschland (1994: 8,2 %) und die Niederlande (1993: 7,95 %) gebildet. Die FuE-Intensität Westdeutschlands ist nach den OECD-Daten seit Ende der 80er Jahre und die absoluten FuE-Aufwendungen seit Anfang der 90er Jahre rückläufig.[3]

3 Die OECD-Daten bieten für die Analyse den Vorteil, daß einzelne Länder verglichen werden können und Zeitreihen zumindest seit Beginn der 80er Jahre existieren. Allerdings sind die Daten weniger aktuell. Neuere Daten des Verbands Forschender Arzneimittelhersteller (VFA) in Deutschland weisen auf eine Erhöhung der FuE-Aufwendungen seit 1994 hin. Die im VFA vertretenen Firmen, die 75 % des Umsatzes der deutschen Pharma-Industrie ausmachen, haben ihre

Abbildung III.1-5: FuE-Intensitäten in der pharmazeutischen Industrie in ausgewählten Ländern in %, 1980-94

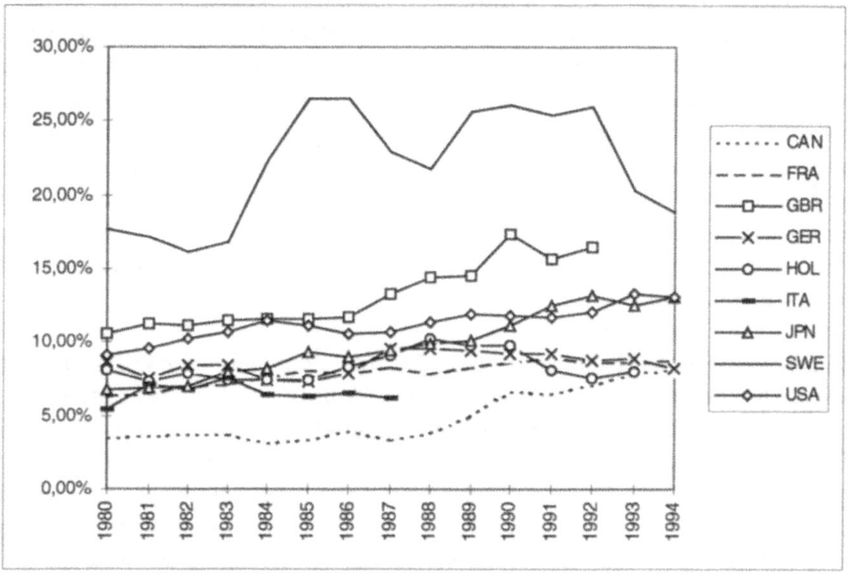

Quelle: OECD STAN-Datenbasis, eigene Berechnungen.

Die Kosten für die Erforschung und Entwicklung eines Arzneimittels mit neuem Wirkstoff werden auf etwa 250-350 Mio. US-$ geschätzt (vgl. Reiß, Hüsing, Hinze 1996 und die dort analysierte Literatur).[4] Die durchschnittlichen jährlichen Forschungskosten für ein Projekt belaufen sich geschätzt etwa auf 6 Mio. US-$, dazu kommen noch etwa 14 Mio. US-$ Entwicklungskosten. Im Durchschnitt wird in der Literatur die Dauer für die Erforschung und Entwicklung eines neuen Arzneimittels mit 12 bis 14 Jahren angegeben: Etwa 2-4 Jahre für die Forschung (Präklinik), 3-8 Jahre für die Durchführung der verschiedenen klinischen Studien (klinische Forschung) und ca. 6 Monate bis 3 Jahre für das Zulassungsverfahren. Um wettbewerbsfähig zu bleiben, müssen in der Praxis aber insgesamt deutlich kürzere Zeiträume (etwa 7-8 Jahre) erreicht werden. Im Durchschnitt bewegen sich die Kosten zwischen Präklinik und Entwicklung etwa im Verhältnis 1:2, innerhalb der Entwicklung machen die Phasen II und III ungefähr 80 % der Entwicklungskosten aus.

Ausgaben für FuE von 4,1 Mrd. DM (1994) auf 4,8 Mrd. DM (1996) erhöht. Da der Umsatz nicht ebenso stieg, hat sich die FuE-Intensität von 16,7 % auf 17,5 % erhöht.

4 In diesen Betrag sind jedoch die Kosten nicht erfolgreicher FuE-Projekte eingeflossen.

1.3 Technisch-wissenschaftliche Dynamik

Die technisch-wissenschaftlichen Anforderungen an erfolgreiche FuE-Aktivitäten in der pharmazeutischen Industrie haben sich in den letzten Jahren deutlich gewandelt. Die konventionelle Wirkstoffentwicklung, die auf der "trial-and-error" Suche nach natürlichen und chemisch synthetisierten Substanzen und deren biologische und pharmakologische Wirkungen beruht, wird zunehmend von neuen Forschungsansätzen aus der modernen Biotechnologie verdrängt (vgl. ausführlich dazu Reiß, Hüsing, Hinze 1996). Moderne Biotechnologie wird in diesem Zusammenhang als ein Oberbegriff verstanden, zu dem insbesondere die Genomforschung, die Erforschung der molekularen Ursachen von Erkrankungen, neue Screening-Ansätze und auch neue Synthesemethoden zählen.

Die moderne Biotechnologie ist nicht nur für die Produktion neuer Wirkstoffe (z.B. menschlicher körpereigener Substanzen wie Hormone, Wachstumsfaktoren), sondern vor allem als Werkzeug in der biomedizinischen Forschung von Bedeutung (z.B. für die Bereitstellung transgener Tiermodelle, für die Entwicklung von Screening- und Testverfahren für neue Wirkstoffe, Genomforschung, für die Erweiterung des Wissens über die Ursachen von Krankheiten für einen rationaleren Ausgangspunkt für FuE). Von wachsender Bedeutung sind kombinatorische Verfahren (z.B. kombinatorische Chemie), um große Molekülpopulationen als Ausgangspunkte für Screeningverfahren herzustellen, da die Wahrscheinlichkeit, erfolgversprechende Substanzen zu identifizieren, mit der Zahl der gescreenten Substanzen steigt. Daraus resultiert wiederum das Erfordernis nach (meist) automatisierten Screeningverfahren mit hohem Durchsatz *(high-troughput screening),* sowie nach Informationsverarbeitungssystemen, mit denen die Fülle der Daten, wie sie beispielsweise in kombinatorischen Verfahren, aber auch in der Genomforschung generiert werden, verarbeitet und mit weiteren Daten (z.B. Strukturinformationen) verknüpft und bewertet werden können. Kombinatorische Verfahren, häufig auch als "irrationale Ansätze" bezeichnet, stellen einen komplementären Ansatz zum rationalen Design *("molecular modelling")* dar. Beide Ansätze ergänzen einander. Generell geht man davon aus, daß durch die Nutzung dieser neuen Technologien die Effizienz der Forschung im Pharmabereich erheblich erhöht werden kann (vgl. Reiß, Hüsing, Hinze 1996, 20 ff.).

Der Markt für Anwendungen der Biotechnologie im Bereich Therapeutika ist, trotz großer Hoffnungen der Investoren, noch klein. Mit gentechnisch hergestellten Wirkstoffen wie z.B. Insulin, Wachstumshormonen, Blutgerinnungsfaktoren oder monoklonalen Antikörpern wurde in Deutschland 1997 ein Umsatz von 1,8 Mrd. DM erzielt, dies ist ein Anteil am Gesamtpharmamarkt von etwa 5 % (vgl. Schitag Ernst & Young 1998a, 19ff.). In der Bundesrepublik sind derzeit 43 gentechnisch hergestellte Medikamente zugelassen. Die US und europäische Biotech-Industrie investiert immer noch mehr Geld als sie zurückerhält: der Nettoverlust belief sich 1997 bei den US-Biotech-Unternehmen auf 3,8 Mrd. Euro und bei den europäischen

Firmen auf 2 Mrd. Euro (vgl. Schitag Ernst & Young 1998b, 13). Gelingt es allerdings, ein gentechnisch hergestelltes Medikament auf den Markt zu bringen, dann können Milliarden-Umsätze winken. Die Umsätze der Top 10 Biotech-Produkte weltweit beliefen sich insgesamt auf 6,35 Mrd. $ im Jahr 1996. Die drei Spitzenprodukte Epogen, Neupogen und Procit der US-Biotech-Firma Amgen erreichten weltweit jeweils einen Umsatz von 1,15 Mrd. $, 1,02 Mrd. $ und 1,01 Mrd. $ (vgl. Schitag Ernst & Young 1998a, 21).

Ob am Ende der Produktentwicklung ein Wirkstoff hergestellt wird, der biotechnisch, d.h. beispielsweise mit Hilfe gentechnisch modifizierter Mikroorganismen, oder chemisch synthetisiert wird, ist jedoch zweitrangig. Entscheidend ist, daß der gesamte moderne Entwicklungsprozeß ohne biotechnische Methoden kaum möglich wäre. Man kann davon ausgehen, daß es heutzutage wohl kaum ein Forschungsprojekt zur Entwicklung von Pharmawirkstoffen gibt, das nicht in irgendeiner Weise von biotechnischen Methoden und Ansätzen profitiert bzw. direkt von ihnen abhängt. Daher werden forschende Pharmaunternehmen, die biotechnisches Know-how nicht in ausreichendem Maße nutzen können, wenn nicht schon heute, dann doch in nächster Zukunft deutliche Wettbewerbsnachteile haben.

Entscheidend für die Konzipierung von FuE-Strategien im Bereich der Pharma-Industrie ist somit die Verfügbarkeit des erforderlichen Know-hows aus der modernen Biotechnologie. Dieses Know-how wird international generiert. Wesentliche Akteure sind hierbei öffentliche Forschungseinrichtungen, kleine bzw. mittlere Unternehmen und Gründerfirmen, die sehr flexibel neue Forschungsansätze aufgreifen und weiterentwickeln können.

2. Untersuchte Unternehmen

Die Grundlage für diese Fallstudie bildet die Analyse von insgesamt 16 Unternehmen im Pharmabereich (vgl. Tab. III.2-1). Für die Auswahl der Unternehmen werden verschiedene Kriterien herangezogen. Die Unternehmen sollten zu den forschenden Arzneimittelherstellern zählen, international in der Präklinik oder klinischen Forschung agieren und zumindest in der Forschung oder Entwicklung in der Bundesrepublik aktiv sein. Neun dieser Unternehmen sind aus Westeuropa (davon fünf Firmen aus Deutschland), fünf Unternehmen haben ihren Stammsitz in den USA und zwei Unternehmen in Japan. Der in Tab. III.2-1 angegebene Umsatz bezieht sich auf das Unternehmen oder - wenn angegeben - auf den jeweiligen Unternehmensbereich Gesundheit oder Pharma. Der addierte Umsatz dieser 16 Arzneimittelhersteller entspricht etwa der Hälfte des Weltmarkts für Pharmazeutika (ohne OTC). Es wurden einerseits reine Pharma-Konzerne (z.B. Fujisawa Pharmaceutical, Glaxo Wellcome, Eli Lilly, Pharmacia & Upjohn) und andererseits Mischkonzerne

Tabelle III.2-1: Untersuchte Pharmaunternehmen

Unternehmen oder Unternehmensbereich	**Umsatz 1996 (Mrd. DM)**	**FuE-Aufwand 1996 (Mrd. DM)**	**FuE-Intensität 1996**	**Umsatzanteil Ausland 1996**	**Umsatzanteil Pharma/ Konzern**	**FuE-Anteil Pharma/ gesamte FuE**
Merck & Co Inc* (Health Care)	23,94	1,86	7,8 %	k.A.	k.A.	k.A.
American Home Products*	19,21	2,00	10,1 %	43,0 %	56,2 %	k.A.
Pfizer Inc* (Health Care)	14,34	2,00	14,4 %	49,0 %	83,9 %	k.A.
Eli Lilly	11,05	1,80	16,2 %	41,9 %	k.A.	100 %
Takeda Chemical Industries	11,09	0,94	8,5 %	13,0 %	66,0 %	k.A.
Fujisawa Pharmaceutical Co.	3,68	0,50	13,7 %	23,0 %	91,0 %	100 %
Bayer AG* (Gesundheit)	11,10	1,50	13,5 %	47,4 %	24,9 %	46,0 %
Boehringer Ingelheim* (Pharma)	5,40	0,94	17,5 %	79,4 %	83,9 %	85,5 %

*1995; Quelle: Geschäftsberichte

Tabelle III.2-1: Untersuchte Pharmaunternehmen (Fortsetzung)

Unternehmen oder Unternehmensbereich	**Umsatz 1996 (Mrd. DM)**	**FuE-Aufwand 1996 (Mrd. DM)**	**FuE-Intensität 1996**	**Umsatzanteil Ausland 1996**	**Umsatzanteil Pharma/ Konzern**	**FuE-Anteil Pharma/ gesamte FuE**
Glaxo Wellcome*	17,19	2,96	15,0 %	96,0 %	k.A.	100 %
Pharmacia & Upjohn	10,70	1,91	17,6 %	68,0 %	90,8 %	k.A.
Hoffmann-La Roche (Pharma)*	11,22	2,38	21,2 %	98,0 %	62,8 %	85,7 %
Rhône-Poulenc Rorer	8,15	1,32	16,3 %	70,0 %	36,3 %	46,0 %
Hoechst Marion Roussel	13,02	2,24	17,2 %	90,0 %	23,9 %	57,7 %
E. Merck (Pharma)	6,95	0,66	9,5 %	79,1 %	56,2 %	80,7 %
Schering AG*	4,65	0,85	18,2 %	85,0 %	65,8 %	k.A.
Solvay SA (Gesundheit)	2,25	0,35	19,0 %	94,0 %	14,0 %	60,0 %

*1995; Quelle: Geschäftsberichte

mit z.B. den Bereichen Chemie, Kunststoffe, Humanmedizin, Veterinärmedizin (American Home Products, Bayer, Solvay) in die Untersuchung einbezogen. Aufgrund der hohen FuE-Intensität in der Pharmazeutik macht der FuE-Anteil der Pharma-Bereiche in einigen Konzernen die Hälfte oder mehr des gesamten FuE-Budgets des Konzerns aus (z.B. Solvay: 60 %, E. Merck: 81 %, Rhône-Poulenc: 46 %) (vgl. Tabelle III.2-1).

Mit einer durchschnittlichen FuE-Intensität (Anteil FuE-Aufwendungen am Umsatz) von 14 % gehören die untersuchten Unternehmen zu den forschungsintensiven Arzneimittelherstellern. Es gibt Unternehmen, die beachtlich über diesem Durchschnittswert liegen und ausgesprochen hohe FuE-Intensitäten im Pharma-/ Gesundheitsbereich aufweisen wie z.B. Hoffmann-LaRoche (21,2 %), Schering (18,2 %), Hoechst Marion Roussel (17,2 %) oder Pharmacia & Upjohn (17,6 %).

Bei der Analyse der Unternehmen wurden drei Methoden angewandt:

(1) Für 16 Unternehmen wurde eine Patentanalyse für die drei Zeiträume 1983-86, 1987-90 und 1991-94 durchgeführt (vgl. im Detail Kap. 2.1). Für diese drei Zeiträume wurden die Patentanmeldungen am Europäischen Patentamt nach Prioritätsjahr und Erfinderland ermittelt, die vom jeweiligen Unternehmen in der Pharmazeutik angemeldet wurden. Zudem wurde eine Einteilung in vier Teilgebiete vorgenommen: (1) Vitamine, Antibiotika, Alkaloide, (2) Hormone, (3) Enzyme, Mikroorganismen, Seren, Vakzine und (4) andere Therapeutika bzw. Diagnostika. Die Patentanmeldungen wurden für zwölf Länder der Europäischen Union, für die Schweiz, die USA und Japan ausgewiesen.

(2) In zwölf der sechzehn Unternehmen wurden Gespräche mit FuE-Leitern durchgeführt. Die Interviews wurden in der Regel in den FuE-Einheiten in Deutschland abgehalten. In einigen Fällen wurden Gespräche mit FuE-Einrichtungen in den USA geführt.[5]

(3) Zudem wurde öffentlich zugängliches Material wie Artikel in Fachzeitschriften, Geschäftsberichte und Broschüren als Hintergrundmaterial ausgewertet und eine Recherche im Internet durchgeführt.

---

5 Die Durchführung von Interviews in den USA mit US-Pharmafirmen und FuE-Labors deutscher Pharmafirmen wurde durch die finanzielle Unterstützung des Deutsch-Amerikanischen-Akademischen Konzils (DAAK) in dem Projekt "International Changes in Industrial Innovation – Consequences for the Research System and Technology Policy" ermöglicht. Ohne diese Zuwendungen wären die Gespräche in den USA nicht möglich gewesen.

3. Analyse ausgewählter Pharmaunternehmen und Ergebnisse

3.1 Internationalisierung von FuE

Die pharmazeutische Industrie weist im Vergleich zum gesamten Verarbeitenden Gewerbe einen überdurchschnittlich hohen Internationalisierungsgrad der FuE auf. Generell läßt sich feststellen, daß der Internationalisierungsgrad der FuE steigt, wenn der Umsatzanteil der Unternehmen im Ausland zunimmt sowie der Markt und die Technologie-Ressourcen des Stammlands begrenzt sind. Hierbei lassen sich grob drei Unternehmenskategorien unterscheiden (vgl. Abb. III.3-1):

(1) Die untersuchten Unternehmen aus Westeuropa (B, CH, D, F, UK) sind innerhalb der Triade mit der Internationalisierung von FuE am weitesten vorangeschritten. Einen ausgesprochen hohen FuE-Anteil im Ausland mit Werten über 90 % haben hier Unternehmen aus kleinen Ländern wie beispielsweise Solvay mit Stammsitz in Belgien oder Hoffmann-LaRoche mit Stammsitz in der Schweiz.

(2) Die untersuchten US-Arzneimittelhersteller haben dagegen ihre FuE noch wesentlich stärker im Stammland angesiedelt. Mit Ausnahme von Pfizer liegt der FuE-Anteil im Ausland bei den untersuchten Firmen unter 20 %.

(3) Forschung und Entwicklung findet bei den japanischen Firmen überwiegend stammlandzentriert statt, der FuE-Anteil im Ausland liegt unter 10 %. Mit Ausnahme einiger weniger Pharmaunternehmen wie z.B. Eisaj steht die Internationalisierung von FuE bei den japanischen Firmen erst am Anfang. Innerhalb Japans gehören die Pharmaunternehmen jedoch hinter den Automobil- und Elektronikfirmen zu dem Industriesektor, der mit der Internationalisierung der FuE am weitesten vorangeschritten ist (vgl. Odagiri, Yasuda 1996, 1062 ff.).

Die Höhe des Auslandsumsatzes und die Grenzen des Heimatmarkts sind wesentliche Faktoren, die den Internationalisierungsgrad der FuE beeinflussen. Allerdings können diese nicht als die alleinigen Einflußfaktoren gelten, da die oben aufgestellte These nicht umfassend gilt. So erreichen deutsche Pharmafirmen wie z.B. Hoechst Marion Roussel oder der Pharmabereich von Bayer einen ähnlich hohen FuE-Anteil im Ausland wie die Pharmasparte des Schweizer Konzerns Hoffmann-LaRoche. Einen wesentlichen Einflußfaktor auf die Internationalisierung von FuE stellt offenbar die jeweilige Unternehmensphilosophie, -geschichte und -strategie und die daraus abgeleitete Akquisitions- und FuE-Strategie dar (vgl. ausführlich zu den Einflußfaktoren auf die Gestaltung der FuE-Organisation Reger 1997, 72 ff.).

Abbildung III.3-1: Der Internationalisierungsgrad der FuE steigt mit dem Auslandsumsatz und den Grenzen des Heimatmarkts

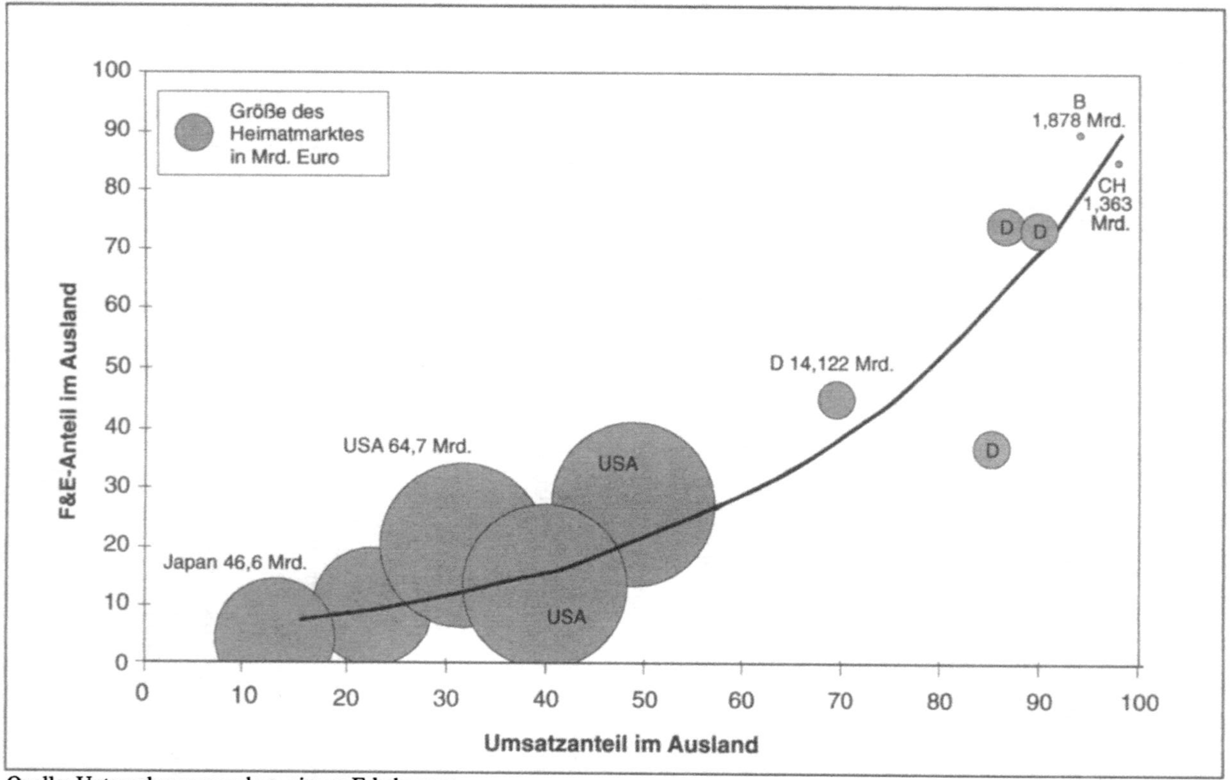

Quelle: Unternehmensangaben, eigene Erhebungen.

Die Unternehmensgespräche zeigen, daß FuE im Ausland häufig an einem bereits bestehenden Standort des Konzerns angesiedelt wird. Dies kann eine existierende Marketing- bzw. Vertriebseinheit, ein regionales Headquarter oder eine akquirierte Firma sein. Ein japanischer Arzneimittelhersteller hat sich beispielsweise Anfang der 80er Jahre bei einem deutschen Familienunternehmen beteiligt und diese Beteiligung sukzessive ausgedehnt. Für die Akquisition spielte die bestehende FuE-Kompetenz der deutschen Firma keine Rolle, wesentlich war vielmehr das Vorhandensein von Marketing-Know-how und nationalen Vertriebsstrukturen. Heute befindet sich an diesem Standort die deutsche Regionalgesellschaft des Unternehmens und eine Einheit "Clinical Research" mit etwa 90 Mitarbeitern, die für die Durchführung der klinischen Forschung in Deutschland und Europa zuständig ist.

Zu welchen Ergebnissen kommt man, wenn als Indikator der Internationalisierung von FuE die regionale Herkunft der Patente eines Unternehmens genommen wird? Als Herkunftskriterium des Patents hat sich das in der Erfinderadresse angegebene Land erwiesen, da in der Regel von einer räumlichen Nähe zwischen Forschungslabor und Erfinder auszugehen ist (siehe Kapitel II.1). Bei Betrachtung des Anteils der Patentanmeldungen mit ausländischer Herkunft im Zeitraum 1991-94 wird das zuvor dargestellte Ergebnis erhärtet (vgl. Tab. III.3-1). Unternehmen wie Hoffmann-LaRoche (86,5 %) oder Solvay (77,2 %) mit Stammsitz in einem kleinen Heimatmarkt haben einen ausgesprochen hohen Anteil ihrer Patente mit ausländischer Herkunft registriert. Es ist davon auszugehen, daß in diesen Unternehmen angewandte Forschung in hohem Ausmaß außerhalb des Stammlands betrieben wird.

Die Unternehmen mit Stammsitz in den großen europäischen Ländern betreiben ebenfalls einen signifikanten Anteil ihrer angewandten Forschung im Ausland: Boehringer-Ingelheim hat 61 %, Hoechst 47 %, Bayer 45 % und Glaxo Wellcome 38 % der Patente mit ausländischer Herkunft. Am unteren Ende der Skala befinden sich wiederum überwiegend US-Unternehmen mit einem geringen und die japanischen mit dem geringsten Patentanteil im Ausland (vgl. Tab. III.3-1).

Ausnahmen von dieser Regel sind bei den amerikanischen Firmen Pharmacia & Upjohn und Pfizer sowie bei den deutschen Firmen Schering und E. Merck festzustellen. Merck ist hierbei ein besonderer Fall, da nur die Patente identifiziert werden konnten, die von der Merck Patent GmbH in Deutschland angemeldet werden, demzufolge ist der Anteil von Patenten mit ausländischer Herkunft gering. Bei den anderen drei Unternehmen bestätigt sich die These, daß der Internationalisierungsgrad von FuE erheblich von der Unternehmensstrategie und -kultur beeinflußt wird. Pfizer hatte seine FuE schon zu Beginn der 80er Jahre internationalisiert. Pharmacia & Upjohn ist ein Unternehmen, das aus der Fusion von Pharmafirmen in Italien, USA und Schweden hervorgegangen ist. Mehr als 20 Firmen haben sich hier zu einem der weltweit größten Pharmaunternehmen zusammengeschlossen. Es ist schwer zu sagen, ob der Stammsitz des Unternehmens heute in Schweden oder den USA liegt.

Tabelle III.3-1: Anteil der Patente mit Herkunft Ausland an allen Patenten für ausgewählte Pharmaunternehmen

Unternehmen (Pharma)	**Patentanteil Ausland (Pharma) in %**			**Wachstumsrate des Auslandsanteils Patente**	
	1983-1986	1987-1990	1991-1994	1983-86 zu 91-94	1987-90 zu 91-94
HOFFMANN-LAROCHE (CH)	78,9	79,3	85,5	8,2	7,9
SOLVAY SA (B)	91,7	87,8	77,2	-17,0	-12,0
PHARMACIA & UPJOHN (USA)	48,9	59,4	69,4	42,7	16,9
C.H. BOEHRINGER INGELHEIM (D)	28,8	41,1	60,9	106,8	48,1
HOECHST AG (D)	28,1	43,9	46,6	65,4	6,1
BAYER AG (D)	42,5	51,8	45,4	7,1	-12,4
GLAXO WELLCOME (GB)	34,1	45,7	37,7	10,5	-17,5
PFIZER (USA)	18,5	24,1	25,4	42,9	5,7
RHONE POULENC RORER (F)	77,3	73,3	24,6	-68,0	-66,5
SCHERING AG (D)	4,3	10,2	19,3	350,5	89,5
E. MERCK (D)	6,3	14,7	17,6	181,3	19,5
MERCK & CO (USA)	9,9	12,9	13,2	28,7	2,5
ELI LILLY (USA)	4,0	8,5	7,9	86,6	-6,6
AMERICAN HOME PRODUCTS (USA)	0,9	6,3	5,1	242,4	-18,9
FUJISAWA PHARMACEUTICAL (J)	0,0	2,8	4,9	73,0	73,0
TAKEDA CHEMICAL INDUSTRIES (J)	0,0	1,7	1,2	221,5	-29,1

Pharmacia und Kabi sind schwedische Unternehmen und machen einen Großteil des Mergers aus, in London befindet sich das Corporate Management Center. Der Firmensitz von Pharmacia & Upjohn ist aber in Delaware, USA, registriert. Würde man Schweden als Stammsitz von Pharmacia & Upjohn betrachten, käme man zu dem Schluß, daß sich der Internationalisierungsgrad von FuE verringert hat: 1983-86 wurden 75 % der Patente außerhalb Schwedens angemeldet, im Zeitraum 1991-94 waren es nur noch 58 % der Patentanmeldungen.

Als Indikatoren für den Internationalisierungsgrad von FuE können u.a. die Patentanmeldungen im Ausland als auch der FuE-Aufwand im Ausland dienen. Patente sind ein Output-Indikator, der FuE-Aufwand ein Input-Indikator der FuE-Aktivitäten von Unternehmen. Inwieweit stimmen nun beide Indikatoren zur Abbildung des Internationalisierungsgrads der FuE der Pharmafirmen überein? In Abbildung III.3-2 sind beide Indikatoren (Patente: 1991-94, FuE-Anteil im Ausland: 1995/96) gegenübergestellt. Mit Ausnahme von zwei Werten (Hoffmann-LaRoche und Pfizer) läßt sich in den ausgewählten Unternehmen feststellen, daß der Anteil des FuE-Aufwands im Ausland zum Teil erheblich über dem Anteil der Patentanmeldungen im Ausland liegt. Bei Schering und Fujisawa ist beispielsweise der Anteil der FuE-Aufwendungen im Ausland doppelt so hoch wie der Auslandsanteil der Patente.

Abbildung III.3-2 macht deutlich, daß der Internationalisierungsgrad der FuE durch den Indikator Auslandsanteil der Patente zum Teil deutlich unterschätzt wird.[6] Eine Erklärung dafür dürfte sein, daß die Patente im Kern angewandte Forschung abbilden, sowohl Grundlagenforschung als auch Anpassungsentwicklung werden nicht angezeigt. Gerade die Entwicklung, d.h. im wesentlichen die klinische Forschung, macht im Durchschnitt etwa 2/3 der gesamten FuE-Aufwendungen aus und spielt in der pharmazeutischen Industrie hinsichtlich der Kosten und des Zeitbedarfs eine ausgesprochen große Rolle im gesamten Innovationsprozeß. Zudem deutet die Differenz zwischen FuE-Aufwendungen und Patentanteil im Ausland darauf hin, daß dort im Vergleich zum Stammland ein größerer Anteil an Entwicklung (Durchführung klinischer Studien vor Ort) betrieben wird.

Abbildung III.3-2: Vergleich der Indikatoren Patentanteil und FuE-Aufwendungen im Ausland

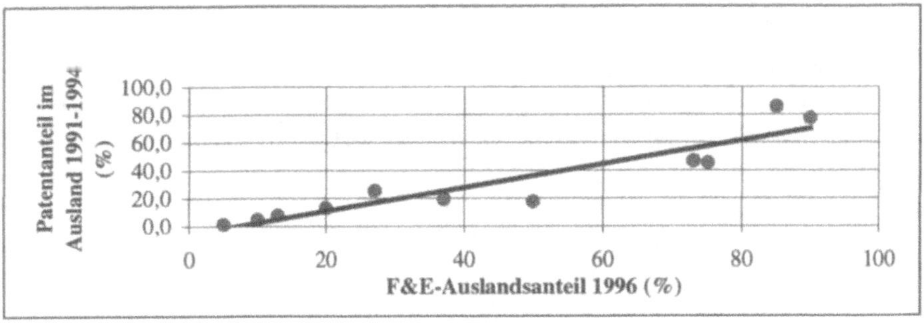

Wie hat sich der Internationalisierungsgrad der FuE im Zeitverlauf verändert? Da bezüglich des Zeithorizonts keine Daten für den FuE-Aufwand im Ausland vorlie-

6 Dieses aufgrund der geringen Fallzahl vorläufige Ergebnis müßte mit einer höheren Zahl von Unternehmen weiter überprüft werden.

gen, wurde der Patentanteil im Ausland 1983-86 mit den Anmeldungen 1991-94 verglichen. Mit Ausnahme von zwei Unternehmen ist der Anteil der Patentanmeldungen im Ausland für diesen Zeitraum angestiegen (vgl. Tab. III.3-1). Bei einem Vergleich der Zeiträume 1987-90 zu 1991-94 läßt sich feststellen, daß bei der Hälfte der Unternehmen ein leichter Rückgang der Wachstumsrate des Patentanteils im Ausland zu verzeichnen ist (vgl. Tab. III.3-1). Dies betrifft sowohl Unternehmen mit einem geringen als auch einem hohen Internationalisierungsgrad der FuE. Offenbar gibt es Phasen, in denen die durch "ungehemmtes" Wachstum vorangetriebene FuE-Internationalisierung wieder etwas zurückgenommen wird. Nach der Konsolidierung verläuft die weitere Internationalisierung der FuE in "ruhigeren" Bahnen.

Auch wenn wegen der geringen Unternehmenszahl die Ergebnisse mit Vorsicht zu interpretieren sind, können verschiedene Verhaltenstypen identifiziert werden (vgl. Abb. III.3-3):

(1) Unternehmen, die über einen ausgesprochen hohen Internationalisierungsgrad der FuE zu Beginn der 80er Jahre verfügten, wie z.B. Solvay oder Rhône-Poulenc Rorer, haben ihre FuE-Aktivitäten im Ausland zu Beginn der 90er Jahre reduziert.

(2) Unternehmen, die bereits zu Beginn der 80er Jahre ebenfalls einen sehr hohen Internationalisierungsgrad der FuE aufwiesen, wie z.B. LaRoche oder Glaxo Wellcome, haben ihre FuE-Aktivitäten im Ausland bis Anfang der 90er Jahre nur noch gering ansteigen lassen.

(3) Unternehmen mit einem mittleren Internationalisierungsgrad der FuE zu Beginn der 80er Jahre wie Hoechst, Boehringer Ingelheim oder Pfizer haben ihre ausländischen FuE-Aktivitäten (gemessen an Patenten) deutlich zwischen 43 und über 100 % erweitert. Ein wesentlicher Schub der Internationalisierung erfolgte hierbei Ende der 80er Jahre.

(4) Unternehmen mit einem geringeren Internationalisierungsgrad der FuE wie Fujisawa Pharmaceutical, American Home Products oder Schering weisen eine erhebliche Wachstumsrate der ausländischen FuE-Aktivitäten gemessen an Patenten auf.

Bei den 16 untersuchten Pharmaunternehmen fand offenbar ein Schub in Richtung Internationalisierung der FuE Ende der 80er Jahre statt, während sich das Wachstum der FuE-Auslandsaktivitäten Anfang der 90er Jahre abgeflacht hat. Hat das FuE-Auslandsengagement eine gewisse Höhe erreicht, stagniert die weitere Internationalisierung der FuE auf hohem Niveau, oder es findet ein Prozeß der Re-Zentralisierung von FuE im Stammland statt. Eine starke Dynamik der FuE-Internationalisierung weisen Unternehmen mit bisher geringen FuE-Aktivitäten im Ausland auf. Diese befinden sich offenbar in einem branchenspezifischen Aufholprozeß.

Abbildung III.3-3: Patentanteil im Ausland 1983-86 und Wachstumsrate der Patente zwischen 1983-86 und 1991-94 (Pharma)

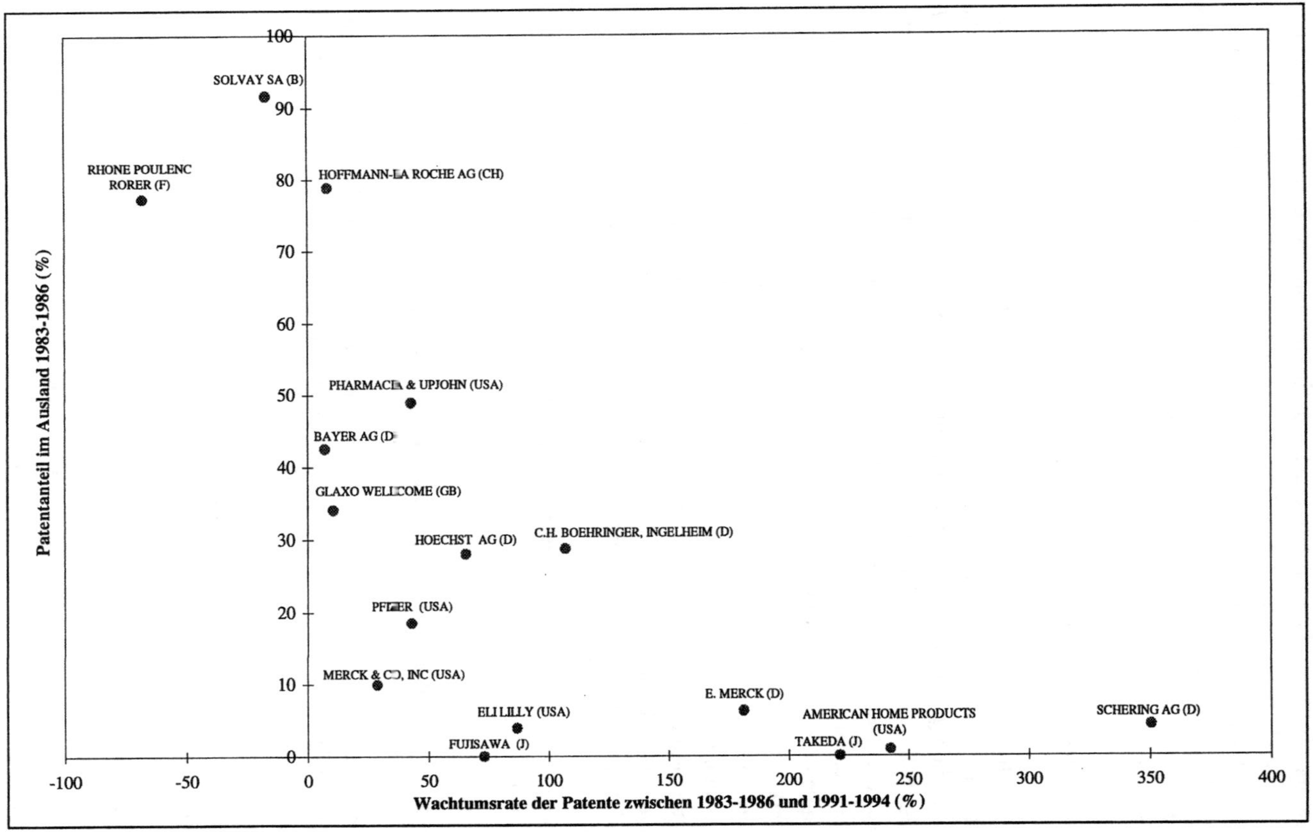

Die Analyse der Pharmaunternehmen zeigt, daß die Internationalisierung von FuE ein langandauernder und langwieriger Prozeß ist, der mit verschiedenen Instrumenten verfolgt wird. Die Firmen benutzen ein Set von Instrumenten wie den Aufbau von FuE-Labors ("Greenfield R&D"), Übernahmen und Fusionen, die Etablierung von Allianzen und Joint Ventures, aber auch FuE-Kooperationen wie z.B. die Durchführung eines vorwettbewerblichen Forschungsvorhabens mit Universitäten oder Unternehmen im Ausland oder die Finanzierung von Forschungsteams an ausländischen Universitäten. Die Ansiedlung eines Forschungszentrums oder eines Teams zur Durchführung von klinischen Studien erfolgt in der Regel an Standorten von Tochtergesellschaften im Ausland.

Bezüglich der Internationalisierung der FuE kann die Rolle von Übernahmen und Fusionen sehr unterschiedlich sein. Zum einen kann ein Unternehmen im Ausland unabhängig von dessen bestehender FuE-Kompetenz übernommen werden. In diesem Fall spielen Markt- und Vertriebsaspekte eine zentrale Rolle bei der Übernahme. Das akquirierte Unternehmen kann bei einer Ausdehnung der FuE-Aktivitäten ins Ausland - und das ist häufig der Fall - auch als Standort für die neue FuE-Einheit dienen. Zum zweiten kann die Übernahme bzw. Fusion technologisch motiviert sein, muß aber nicht zwangsläufig die Internationalisierung der FuE vorantreiben. Ein Beispiel dafür ist Pharmacia & Upjohn, wo infolge der Fusionen der letzten Jahre eine Neuordnung der weltweiten FuE-Aktivitäten stattfand, und eine De-Internationalisierung und Re-Zentralisierung der FuE zufolge hatte. Zum dritten kann die Übernahme bzw. Fusion von Unternehmen mit FuE-Aktivitäten an verschiedenen Standorten zu einer wachsenden Internationalisierung der FuE führen. Ein Beispiel dafür ist die Fusion von Hoechst, Marion und Roussel. Die Neuordnung der FuE führte hier aus Sicht des deutschen Stammlands zu einer Ausdehnung der ausländischen FuE-Aktivitäten.

3.2 Bildung von Kompetenzzentren in Unternehmen

Die untersuchten Pharmaunternehmen mit einem mittleren bis hohen Internationalisierungsgrad der FuE sind dazu übergegangen, bestimmte Kompetenzen und Verantwortlichkeiten in der explorativen Forschung weltweit an einem Standort zu konzentrieren (vgl. Abb. III.3-4). So hat beispielsweise Hoechst Marion Roussel in den USA in Bridgewater die Indikationsgebiete Zentrales Nervensystem, Onkologie und Atemwege und in Boston das Technikgebiet Biotechnologie konzentriert. In Frankreich wird im Bereich der Infektions- und Knochenkrankheiten geforscht. In Frankfurt bearbeitet die Forschung die Indikationsgebiete Herz-Kreislauf, Stoffwechsel und Rheuma/Immunologie. Soweit wie möglich soll eine Überlappung zwischen den nach Indikationsgebieten aufgeteilten Forschungsfeldern an den verschiedenen Standorten vermieden werden. Bei der Herausbildung dieser weltweiten Kompetenzen an verschiedenen FuE-Standorten lassen sich folgende Linien erkennen:

Abbildung III.3-4: Kompetenzen in Forschungszentren ausgewählter Pharmafirmen nach Indikationsgebieten

Unternehmen	USA	EUROPA			JAPAN
		F	D	GB	
Bayer Pharma, Deutschland	*Berkeley* • Biotechnologiezentrum *West Haven* • Krebs • Knochenerkrankungen • Diabetes		*Wuppertal Elberfeld* • Herz-Kreislauf • Antiinfektiva • Zentrales Nervensytem (ZNS) • Antiviralis	*Stoke Court* • Atemwege • Depression	*Kansai Science City* • Allergien • Rheuma
Hoechst Marion Roussel, Deutschland	*Bridgewater Drug Development Center* • Zentrales Nervensystem • Onkologie • Atemwege *Boston* • Biotechnologie	*Roussel Uclaf SA* • Infektionen • Knochenerkrankungen	*Frankfurt* • Herz-Kreislauf • Stoffwechsel • Rheuma/ Immunologie		*HMR Kawagoe* • Knochenerkrankungen
Fujisawa, Japan				*Fujisawa Institute of Neuroscience* • Neurowissenschaft • Neuropharmakologie	*FuE-Zentren in Tsukuba, Osaka, Nagoya:* • Immunologie • Thrombose/ Kardiologie • Infektionskrankheiten • Knochenerkrankungen • Stoffwechsel
Rhône Poulenc Rorer, Frankreich	*Collegeville* • Knochenstoffwechsel • Thrombose/Kardiologie • Rheuma *Santa Clara* • Gentherapie	*Vitry-Alfortville* • Infektionen • Onkologie • ZNS		*Dagenham* • Atemwege	

Abbildung III.3-4: Kompetenzen in Forschungszentren ausgewählter Pharmafirmen nach Indikationsgebieten (Fortsetzung)

Unternehmen	USA/KANADA	EUROPA				JAPAN
		I	D	A	SWE	
Boehringer Ingelheim, Deutschland	*USA* • Immunologie • Entzündungserkrankungen *Kanada* • Virale Erkrankungen	*Mailand* • Zentrales Nervensystem (ZNS)	*Biberach* • Onkologie • Herz-Kreislauf *Ingelheim* • Atemwege • ZNS	*Wien* • Onkologie		
Schering AG, Deutschland	*Berlex Bioscience, Richmond, Kalifornien* • Biotechnologische Ansätze auf den Gebieten • Onkologie • Multiple Sklerose • Thrombose		*Berlin* • Endokrinologie • Diagnostik • Dermatologie • Alzheimer • Onkologie • Herz-Kreislauf			*Nihon Schering, Osaka* • Diagnostik • Alterserkrankungen
Pharmacia & Upjohn, USA	*Pharma Product Center USA, Kalamazoo, Michigan* • Zentrales Nervensystem • Infektionskrankheiten • Entzündungskrankheiten • Gynäkologie	*Pharma Product Center Italy, Mailand* • Onkologie			*Pharma Product Center Sweden, Stockholm* • Urologie • Thrombose • Ophthalmologie • Stoffwechselerkrankungen	
	USA	B	D		NL	JAPAN
Solvay SA (Gesundheit), Belgien		Zentralforschung in Belgien	*Hannover* • Herz-Kreislauf • Gastroenterologie		*Weesp* • Psychatrie • Gynäkologie • Immunologie • Dermatologie	

(1) Die Spezialisierung bzw. Fokussierung an einem Standort erfolgt in erster Linie nach Indikations- bzw. Therapiegebieten oder - auf aggregierter Ebene - nach sogenannten "disease groups". Im Idealfall erfolgt die Arbeitsteilung überschneidungsfrei zwischen den Standorten.

(2) Quer zur Spezialisierung nach Indikationsgebieten bzw. "disease groups" werden Verantwortlichkeiten für bestimmte Methoden/ Technologien (z.B. Biotechnologie, Chemische Verfahren, Gentherapie) definiert und ebenfalls soweit wie möglich auf einen Standort konzentriert.

(3) Die weltweite Steuerung der Biotechnologie wurde von den befragten europäischen Unternehmen überwiegend an den wichtigsten Forschungsstandort des Konzerns in den USA delegiert.

Über diese Kompetenzbildung in der Forschung (Präklinik) entlang den Indikations- bzw. Therapiegebieten hinaus gehen die befragten Pharmaunternehmen mit hohem Internationalisierungsgrad der FuE dazu über, ebenfalls global an einem Standort folgende Verantwortlichkeiten zu bündeln:

(1) Bestimmte Aufgaben im Innovationsprozeß wie Pharmakologie, Toxikologie oder Arzneimittelsicherheit ("drug safety").

(2) Globale Produktentwicklung: Dies bedeutet, daß die Präklinikstufe I und II, die klinischen Studien und das Marketing global von einem Standort aus gesteuert werden. Die globale Arzneimittelentwicklung ("global drug development") wurde in der Vergangenheit vom Stammland aus durchgeführt. Die qualitativ neue Veränderung besteht bei hochinternationalisierten Pharmaunternehmen heute darin, daß die globale Produktentwicklung von einem Standort gesteuert wird. Dieses strategische Entscheidungszentrum wird dort positioniert, wo weltweite Standards durch die nationale Zulassungsbehörde gesetzt werden können, von der Wissenschaftsseite ein innovativer Angebotsdruck herrscht und der Markt für Arzneimittel ausgesprochen innovationsbereit und wachstumsträchtig ist.

Die Zuweisung von Kompetenzen an einen Standort kann sich zunächst einmal lediglich auf die Forschung beziehen. Im wesentlichen handelt es sich um die weltweite Spezialisierung der explorativen Forschungsaktivitäten nach Indikationsgebieten bzw. "disease groups". Darüber hinaus kann die Bildung von Kompetenzen aber auch den gesamten Innovationsprozeß umfassen, wobei das strukturierende Element wiederum das Indikationsgebiet darstellt. Pharmacia & Upjohn hat beispielsweise sein weltweites Pharmageschäft in drei Pharma Product Centers (PPC) und drei Marktregionen organisiert. Diese "market companies" sind in die drei Regionen Amerika, Europa und Asien-Pazifik gegliedert und auf der operativen Ebene verantwortlich für Verkauf und Kontakte zu den Kunden in der Region. Die drei Pharma Product Centers sind in Stockholm, Mailand und Kalamazoo (Michigan, USA) angesiedelt (vgl. Abb. III.3-4). Jedes Zentrum ist verantwortlich für Forschung und Entwicklung in einem oder mehreren Therapiegebieten. Zusätzlich besteht die weltweite Verantwortung für die Produktion und das strategische Marketing. Andere Firmen wie Hoechst Marion Roussel etablieren ein Drug Development Center (Bridgewater), von dem aus global die Produktentwicklung erfolgt. Die Beherrschung dieses Prozesses des "global drug development" von einem oder verschiedenen Standorten aus ist offenbar für die Wettbewerbsfähigkeit der Pharmaunternehmen von hoher Bedeutung und wurde von einigen der europäischen Firmen als Kernkompetenz bezeichnet.

Eine Zuordnung einzelner Indikationsgebiete im Bereich der explorativen Forschung zu jeweiligen Ländern läßt sich nicht durchgängig erkennen. Die deutschen bzw. europäischen Unternehmen, die ein Forschungszentrum in der Bundesrepublik unterhalten, haben zumindest durchgängig das Indikationsgebiet Herz-Kreislauf hier etabliert. Dies stimmt auch mit Aussagen in den Interviews überein, daß sich aufgrund der fortschrittlichen Therapiemethoden bei Herzinfarkt sehr gute Kompetenzen in Deutschland befinden. Im Bereich der Atemwege/Asthma haben europäische Pharmaunternehmen mit Forschungszentrum in Großbritannien ihre Kompetenzen dort fokussiert. In den Interviews wurden ebenfalls die Forschungskompetenzen auf diesem Gebiet in Großbritannien hervorgehoben.

Ein klares Muster zwischen Kompetenzen auf Unternehmens- bzw. Konzernebene und dem jeweiligen Land bzw. der Region ist offenbar deswegen sehr schwierig, weil die Herausbildung der Kompetenzen innerhalb des Unternehmens im Zeitverlauf - also historisch - erfolgt. In den Interviews wurde darauf hingewiesen, daß sich diese Kompetenzen mit der Zeit entwickelt haben und historisch "gewachsen" sind. Eine Re-Strukturierung der unternehmensinternen Forschungs- bzw. Produktentwicklungskompetenzen geschieht folglich nicht nur mit dem Blick nach den Kompetenzen im Umfeld des Unternehmens, sondern auch mit dem Blick auf die intern vorhandenen Kompetenzen. Die Re-Strukturierung wird in der Regel durch ein internes Benchmarking durchgeführt. Bei einer Neuinvestition erhält allerdings das Umfeld eine höhere Bedeutung bei der Standortwahl. Insofern verwundert es nicht, daß neue FuE-Investitionen im Ausland in für das Unternehmen neuen Techniken oder Gebieten erfolgt.

Im Fall der Bio- und Gentechnik hat dagegen deutlich eine Fokussierung der Kompetenzen auf Forschungszentren in den USA stattgefunden. Rhône-Poulenc Rorer hat beispielsweise seine Kompetenz im Bereich Gentherapie in Santa Clara angesiedelt, Hoechst Marion Roussel unterhält in Boston und Bayer in Berkeley jeweils ein Biotechnologiezentrum (vgl. Abb. III.3-4), Hoffmann-LaRoche ist in diesem Bereich ebenfalls in Nutley aktiv und hat sein Entscheidungszentrum dorthin verlagert.

In den USA haben sich im wesentlichen drei regionale Cluster im Bereich der Biotechnologie herausgebildet: An der Westküste ist dies die Region um San Francisco/ San Diego und an der Ostküste die Greater Boston Area sowie der Korridor um Philadelphia, Baltimore und New York ("Mid-Atlantic"). Diese regionalen Biotechnologie-Cluster in den USA haben eine ausgesprochen hohe Attraktivität auch für international agierende Pharmaunternehmen und attrahieren die Forschungsaktivitäten ausländischer Firmen. In den Gesprächen mit den Unternehmen wurde deutlich, daß in den USA das entsprechende Klima und Umfeld existiert, um im Bereich der Biotechnologie exzellente Forschung zu betreiben und diese auch in innovative Arzneimittel umzusetzen. Dieses innovative Klima und Umfeld wurde von den interviewten Firmen zumindest für die Vergangenheit in der Bundesrepublik in Abrede gestellt. Im Bereich der Biotechnologie kann daher - anders als bei den Indikationsgebieten - eine Kongruenz bei der Herausbildung und Etablierung der unternehmensinternen Kompetenzen und der externen Kompetenzen auf der Ebene des nationalen Innovationssystems festgestellt werden. Diese ist sicher ein verstärkender Faktor für die hohe Dynamik dieser regionalen Innovationscluster in den USA.

Die hohe Anziehungskraft der USA in der Biotechnologie müßte sich in einer steigenden Zahl von Patenten und in einem wachsenden Patentanteil in den USA ausdrücken. Bei dem Versuch, die Kompetenzverteilung der untersuchten Firmen im Bereich der Biotechnologie (Enzyme, Mikroorganismen, Seren, Vakzine) in den USA mittels der Patentanalyse zu ermitteln, kommt man zu unterschiedlichen Ergebnissen (vgl. Tab. III.3-2).

Bei den US-Unternehmen haben zum einen die beiden Firmen Pfizer und Eli Lilly ihre Aktivitäten in diesem Bereich sehr stark in den USA konzentriert (vgl. Tab. III.3-2). Die beiden anderen US-Firmen, American Home Products und Merck & Co, sind nach wie vor stark im Heimatland konzentriert, es findet offenbar aber auch ein Engagement in Großbritannien statt. Pharmacia & Upjohn hat dagegen im Zuge der Fusionen und Übernahmen ab Ende der 80er Jahre seinen Forschungsstandort in Schweden gestärkt. Glaxo Wellcome bündelt seine Forschungsaktivitäten offenbar wiederum stärker im Heimatland Großbritannien. Vor dem Hintergrund des Engagements von American Home Products und Merck & Co in Großbritannien deutet sich ein Bedeutungsgewinn der Briten in diesem Technikfeld an. Hoffmann-LaRoche hat schon seit den 80er Jahren eindeutig seinen Schwerpunkt in der Biotechnologie in den USA. Fujisawa Pharmaceutical und Takeda haben bisher auch in der Biotechnologie ihre Forschungsaktivitäten im Stammland konzentriert.

Bei den deutschen Unternehmen Schering und Boehringer Ingelheim läßt sich - von niedrigem Niveau - eine Zunahme des Patentanteils in den USA im Biotechnologiebereich erkennen (vgl. Tab. III.3-2). Bayer ist seit der Übernahme der beiden Pharmafirmen Cutter (1974) und Miles Laboratories (1978) in den 70er Jahren in den USA aktiv; Anfang 1992 wurden alle US-Aktivitäten unter dem Namen Miles Inc. zusammengefaßt.

Tabelle III.3-2: Anteil der Patente mit Herkunft USA an allen Patenten ausgewählter Pharmafirmen im Bereich Biotechnologie (Enzyme, Mikroorganismen, Seren, Vakzine)

Unternehmen (Pharma)	**Patentanteil in den USA im Bereich Biotechnologie in %**			**Kommentar**
	1983-1986	1987-1990	1991-1994	
PFIZER (USA)	67	100	100	Re-Zentralisierung aus GB in die USA Mitte der 80er Jahre.
ELI LILLY (USA)	100	99	97	Konzentration in den USA.
AMERICAN HOME PRODUCTS (USA)	100	97	87	Konzentration in den USA, aber Ausbau in GB.
MERCK & CO (USA)	97	99	84	Konzentration in den USA, aber Ausbau in GB.
HOFFMANN-LAROCHE (CH)	81	75	82	Starke Fokussierung auf USA.
SCHERING AG (D)	0	6	61	Hohes Wachstum aber von niedrigem Niveau, geringe Zahl von Patenten (10) im Untersuchungsbereich.
PHARMACIA & UPJOHN (USA)	54	58	45	Ausbau des Standorts in SWE im Zuge der Fusionen/Akquisitionen.
BAYER AG (D)	71	68	44	Absoluter Rückgang der Anmeldungen am EPA von 69 auf 50 Patente deutet auf veränderte Anmeldestrategie hin.
SOLVAY SA (B)	33	3	23	Mehr Patentanmeldungen in B.
C.H. BOEHRINGER INGELHEIM (D)	9	8	15	Ausbau des US-Standorts.
GLAXO WELLCOME (GB)	16	26	14	Re-Zentralisierung aus den USA nach GB; mehr Patente in CH.
HOECHST AG (D)	4	2	5	Geringe Patentzahlen deuten auf externe Wissensgenerierung/Kooperationen und auf nachholende Entwickung hin.
E. MERCK (D)	11	8	4	Nur Patentanmeldungen der Merck Patent GmbH in D erfaßt.
RHONE POULENC RORER (F)	0	0	3	Konzentration in F; CAN gewinnt in 90er Jahren an Bedeutung.
TAKEDA CHEMICAL INDUSTRIES (J)	0	1	3	Konzentration in Japan.
FUJISAWA PHARMACEUTICAL (J)	0	0	0	Konzentration in Japan.

Das Forschungszentrum in West Haven wurde durch die Akquisition von Miles seit Mitte der 80er Jahre zum zweitgrößten Forschungszentrum des Konzerns ausgebaut und konzentriert sich auf die molekularbiologischen und gentechnischen Aktivitäten von Bayer in den USA. Der Rückgang der Patentanteile in den USA und der absoluten Zahl der Patentanmeldungen deutet weniger auf einen Bedeutungsverlust der amerikanischen Bayer-Forschung sondern auf eine Änderung der Patentierungsstrategie hin. Die Forschungsaktivitäten von Hoechst wurden in den 80er Jahren wesentlich in Deutschland und Frankreich (Übernahme Roussel-Uclaf 1974) gebündelt, das US-Engagement von Hoechst beschränkte sich vor allem auf den Chemiebereich (Übernahme von Celanese 1986). Typisch für die Aktivitäten von Hoechst in den USA und in der Biotechnologie dürften die zahlreichen Kooperationen mit Forschungseinrichtungen und Biotech-Gründerfirmen - also der externe Erwerb biotechnologischen Wissens - sein, worauf auch der geringe US-Patentanteil hinweist. Die Entscheidungen, das US-Engagement im Pharmabereich auszuweiten (Übernahme Merrell Dow Pharmaceuticals 1995) und die biotechnologische Forschung von den USA aus weltweit zu steuern, wurden erst in den 90er Jahren gefällt. Das verstärkte US-Engagement von Hoechst in der Pharmazeutik kann folglich als "nachholende Entwicklung" und als Scheitern der Strategie über transatlantische FuE-Kooperation technologisches Wissen zu akquirieren, interpretiert werden.

3.3 Faktoren der Standortwahl von FuE

Bei den Einflußfaktoren auf die Standortwahl von FuE großer forschender Arzneimittelhersteller muß in der pharmazeutischen Industrie zwischen der explorativen Forschung (Präklinik) und der klinischen Forschung (Entwicklung) unterschieden werden. Da die Unterteilung des gesamten Entwicklungsprozeßes in eine präklinische und in eine klinische Phase sehr grundsätzlich ist und in der jeweiligen Phase unterschiedliche Faktoren die Standortwahl beeinflussen, sollen diese Bereiche des Innovationsprozeßes kurz dargestellt werden.

Definitionsgemäß zählt man die präklinischen Aktivitäten zu dem Bereich Forschung und die klinischen Phasen (Phase I bis III) zur Entwicklung eines Arzneimittels.[7] Um ein Forschungsprojekt beginnen zu können, müssen gewisse molekularbiologische Abläufe einer Krankheit verstanden werden, denn nur so ist es möglich, neue geeignete Therapieansätze zu erforschen. Dieses Basiswissen und das "Screening" von Substanzen erfolgt in der explorativen Forschung. Hat man ausreichendes Basiswissen gewonnen, beginnt man mit dem Test der neuen Substanzen

7 Diese in der pharmazeutischen Industrie übliche Definition stimmt nicht vollständig mit der Frascati-Abgrenzung von Forschung und Entwicklung überein. Beispielsweise wären die toxikologischen Untersuchungen in der präklinischen Phase nach Frascati nicht der Forschung (wie in der Pharmaindustrie üblich) sondern der Entwicklung zuzuordnen.

an Zellen und anderen niederen Organismen (in-vitro-Studie) und dann an Tieren (in-vivo-Studie). Aus dem Screening von einigen Zehntausend Substanzen werden einige Dutzend Wirkstoffe ermittelt, und ein Wirkungsnachweis am Tier oder am Zellsystem erforscht. Die positiven Resultate werden in verschiedenen Analysen über die Verträglichkeit, Toxikologie, Stabilität und Teratologie der Moleküle in-vitro überprüft. Die präklinische Phase umfaßt sämtliche Forschungsaktivitäten, die vor den Versuchen am Menschen durchgeführt werden.

Die klinische Forschung ist als Entwicklung des Arzneimittels zu verstehen und umfaßt im wesentlichen drei Phasen:

(1) In der Phase I werden die neuen Substanzen an wenigen (5-80) freiwilligen und gesunden Versuchspersonen auf ihre Verträglichkeit hin überprüft.

(2) Die ersten kontrollierten Studien zur Wirksamkeit an einer kleinen Gruppe freiwilliger Patienten, die an der entsprechenden Krankheit leiden, werden in der Phase II durchgeführt.

(3) Großzahlige Studien an mehreren Prüfzentren mit bis zu mehreren tausend Patienten werden in Phase III der klinischen Entwicklung durchgeführt, um das endgültige therapeutische Profil eines neuen Arzneimittels festzulegen.

Alle Studien dieser drei Phasen vollziehen sich in den verschiedensten Kliniken und werden von der jeweiligen Abteilung "Klinische Forschung" des Pharmaunternehmens betreut und vom Unternehmen finanziert. Die klinische Forschung ist die aufwendigste, längste und auch kostenintensivste Phase des Innovationsprozeßes in der Pharmabranche. An die klinische Forschung schließt sich die Phase des Zulassungsverfahrens an: Bevor ein neues Medikament endgültig eingeführt und vertrieben werden kann, muß es durch die staatlichen Behörden zugelassen werden. Dazu müssen die Ergebnisse von der Präklinik bis über die klinische Forschung dokumentiert werden, um Sicherheit und Wirksamkeit des Wirkstoffs zu beweisen. Diese Zulassungs-Phase dauert je nach Land und Behörde zwischen 6 Monaten und 3 Jahren, bis der Verkauf eines neuen Arzneimittels zugelassen ist.

In der explorativen Forschung (Präklinik) ist für die Standortwahl der forschenden Pharmaunternehmen entsprechend den Firmeninterviews das Zusammenwirken folgender zentraler Faktoren entscheidend:

- In der Öffentlichkeit muß eine positive Einstellung gegenüber der Bio- und Gentechnik vorhanden sein. Diese positive öffentliche Einstellung ist eine zentrale Rahmenbedingung für industrielle Forschungsaktivitäten in diesem Bereich. Die Kernfrage in den Unternehmen lautet: "Kann die Forschung vor Ort durchgeführt und auch umgesetzt werden?".

- Für die Generierung neuer Arzneimittel muß ein hoher Innovationsdruck vorhanden sein. Dieser erfolgt im Bereich der Biotechnologie sowohl durch die

Wissenschaft (Universitäten und Kliniken) als auch durch eine Vielzahl von wissenschaftlich exzellenten "start-up companies".

- Die Gründerunternehmer und die Akteure aus der Wissenschaft müssen über eine hohe Kooperations- und Managementfähigkeit verfügen.
- Der jeweilige Markt muß eine hohe qualitative und quantitative Bedeutung für das jeweilige Arzneimittel haben. So erklärt sich die hohe Attraktivität der USA für die Forschungsaktivitäten ausländischer Pharmaunternehmen auch durch die Größe des Markts. In einem Interview wurde die Aussage getroffen, daß die Präsenz in den USA für ein forschendes Pharmaunternehmen zwingend ist, da die USA ein Drittel des Weltpharmamarktes ausmachen.

In den Forschungszentren der Unternehmen wird der Innovationsprozeß meist bis einschließlich Phase I - also bis zu Beginn der klinischen Forschung - bearbeitet. Auch wenn die Forschungsergebnisse z.B. aus einem Labor in der Bundesrepublik kommen, dann heißt das nicht automatisch, daß die klinischen Studien auch hier durchgeführt werden oder das Medikament hier zuerst eingeführt wird. Vielmehr wird zentral innerhalb des Konzerns entschieden, an welchen Standorten die Studien durchgeführt werden. Innerhalb des Konzerns stehen die "Clinical Research"-Einheiten weltweit in Konkurrenz zueinander. Die klinischen Studien werden konzernintern im Wettbewerb vergeben, die Vergabe erfolgt nicht spezialisiert nach Indikationsgebieten sondern nach den Kriterien im Dreieck von Kosten, Qualität und Zeit. Wenn es z.B. an einem Standort Probleme mit dem rechtzeitigen Beginn der Studie oder der erforderlichen Probandenzahl gibt, versuchen andere interne "Clinical Research"-Einheiten den Auftrag zu erhalten. Besonders kritisch sind Schwierigkeiten in der Phase III, da hier bereits viel Geld investiert wurde und der Markteintritt bevorsteht. Zudem unterliegen die weltweit verteilten Standorte einem konzerninternen Benchmarking, das in regelmäßigen Zeitabständen durchgeführt wird. Verringert sich die Attraktivität eines Landes bzw. einer Region, kommt demzufolge der Standort konzernintern erheblich unter Druck. Die Folge ist ein Nachlassen der Studienaufträge, eine Verringerung der Mitarbeiterzahlen, die Zusammenlegung mit anderen Standorten oder die Aufgabe des Standorts. In der klinischen Forschung (Entwicklung) ist, entsprechend der Unternehmensgespräche, für die Standortwahl das Zusammenwirken folgender Einflußfaktoren wichtig:

- Eine hohe qualitative und quantitative Bedeutung des Markts für das jeweilige Arzneimittel bzw. Produkt.
- Eine hohe Kooperationsfähigkeit der Kliniken bzw. der Ärzte und eine hohe Professionalität bei der Durchführung klinischer Studien. Dazu gehört auch, daß die benötigte Infrastruktur in den durchführenden Kliniken zur Verfügung steht. Dies schließt ebenso eine hohe "klinische Studienkultur" und die Durchführung der Studien nach den Maßstäben der "good clinical practices" (GCP) ein.

- Notwendig sind ebenso eine gute Zusammenarbeit auf der operativen Ebene mit der nationalen Zulassungsbehörde, eine hohe Transparenz der Zulassungskriterien sowie eine begrenzte und absehbare Dauer der Zulassungsverfahren.
- Die Probleme, die sich z.B. im Umgang mit den einzuschaltenden Ethikkommissionen ergeben, deren Schnelligkeit und Konsistenz von Entscheidungen (z.B. wenn mehrere Ethikkommissionen zu befragen sind).
- Letztendlich unterliegt die konzerninterne Vergabe von klinischen Studien an einen Standort dem Leistungsdreieck von Kosten, Qualität und Zeit.

Die Produktion ist bei den forschenden Arzneimittelherstellern relativ unabhängig von der FuE organisiert. Die Nähe von Forschung und Entwicklung zur Produktion spielt im Rahmen von Standortentscheidungen eine geringe Rolle, da eine enge örtliche Kopplung zwischen den Funktionen in eher seltenen Fällen erforderlich ist.

3.4 Herausbildung regionaler Innovationscluster

Mitte der 80er Jahre haben sich in bestimmten Regionen der USA an der Schnittstelle Pharmazeutik und Bio-/Gentechnik regionale Spitzencluster herausgebildet:

- *San Francisco/ San Diego* gilt als aufstrebendes Cluster für Biotechnologie sowie für Mikroelektronik und Venture Capital. In der Anfangsphase wurde ein enger inhaltlicher Zusammenhang beider Technologien erwartet, der sich auch in jüngster Zeit wiederum bestätigt hat: Wechselwirkungen sind z.B. zwischen Biotechnologie und Mikroelektronik zu beobachten, die sich vor allem auf den Bereich der Genomforschung erstrecken; hier spielen Informations-Handling, Miniaturisierung oder Automatisierung eine wichtige Rolle. Zudem haben sich in beiden Schlüsseltechnologien eigenständige Bereiche und Firmen entwickelt.
- Die *Boston Area* ist ebenso ein ehrgeizig wachsendes Cluster für Biotechnologie und Venture Capital, aber auch für Software. Viele alte Industriegebäude in Cambridge, in denen früher Autos, Kleider oder Bonbons hergestellt wurden, werden heute von Biotech-Firmen genutzt. Der Nährboden für die Entwicklung der "start-ups" seit Beginn der 80er Jahre sind die renommierten Universitäten (MIT, Harvard Medical School) und Kliniken (z.B. Massachusetts General Hospital, Brigham & Women's Hospital) und auf Biotechnik spezialisierte Investmentfirmen. Der Börsenwert der Biotech-Firmen in und um Boston wird auf etwa 10 Mrd. US Dollar geschätzt.
- Der *Korridor um Philadelphia, Baltimore und New York (Mid-Atlantic)* wird traditionsreich als die "Wiege" der pharmazeutischen Industrie in den USA bezeichnet, da hier bereits im frühen 19. Jahrhundert eine Vielzahl von produzierenden Arzneimittelfirmen (zum Teil von deutschen Einwanderern) gegründet wurden (vgl. Feldmann, Schreuder 1996). Die Konzernzentralen von zehn der 25

weltweit größten Pharmaunternehmen und renommierte Universitäten/Kliniken im Pharmabereich (z.B. Yale University, University of Philadelphia, Rochester University) haben heute hier ihren Sitz.

Die genannten Regionen sind zu den wichtigsten Biotechnologie-Zentren der Welt geworden und üben eine ausgesprochen hohe Anziehungskraft auch auf die FuE- und Innovationsaktivitäten ausländischer Pharmaunternehmen aus. Eine Vielzahl forschender Arzneimittelhersteller haben seit Mitte der 80er Jahre damit begonnen, Neuinvestitionen in explorativer und präklinischer Forschung insbesondere in den genannten Regionen an der West- und Ostküste zu tätigen. Von deutscher Seite ist mit explorativer und präklinischer Forschung der jeweilige Pharmabereich der Unternehmen Bayer, Hoechst Marion Roussel, BASF/Knoll, Schering, Boehringer Ingelheim oder die Behringwerke (seit 1997: Centeon) vertreten. Als weitere ausländische Unternehmen betreiben Arzneimittelproduzenten wie Hoffmann-La-Roche, Novartis, Solvay, Zeneca, Rhône-Poulenc Rorer, Takeda oder Eisaj in diesen Regionen Forschung und Entwicklung.

Nach Aussagen in den Interviews stellen diese regionalen Innovationscluster an der West- und Ostküste der USA für die forschenden Pharmaunternehmen im Hinblick auf die Bio- und Gentechnik nach wie vor die erste Standortwahl dar. Die hohe Anziehungskraft und Einzigartigkeit der regionalen "Centers of Excellence" kann durch das Zusammenwirken folgender Kernelemente vor Ort charakterisiert werden:

- ausgesprochen hohe Qualität der Forschung,
- Zugang zu einer Vielzahl junger talentierter Wissenschaftler mit Geschäftssinn,
- hohe Professionalität der Universitäten und Kliniken in Forschungskooperationen mit der Industrie und der Durchführung klinischer Studien,
- Zugang zu einer unvergleichlichen Anzahl und Breite von "start-up companies" im Bereich Biotechnologie, die sich gezielt und offensiv mit ihren neuesten Forschungsergebnissen an die traditionsreichen Pharmaunternehmen wenden,
- Vorhandensein risikofreudiger Beteiligungsgesellschaften / Venture Capital Funds,
- Etablierung von FuE-Zentren zahlreicher weltweit agierender Pharmaunternehmen aus den USA und dem Ausland in der jeweiligen Region.

Das Zusammenspiel von exzellenten Universitäten bzw. Kliniken und forschenden "start-up companies" in einer Region bewirkt einen außergewöhnlichen Innovationsdruck. Der Forschungsleiter eines deutschen Konzerns in den USA beschreibt diesen damit, daß die Universitäten und neugegründeten Biotech-Firmen die etablierten Pharmaunternehmen "vor sich hertreiben". Die etablierten Firmen sind im Rahmen ihrer Risikominimierungsstrategie die entscheidenden Abnehmer zukunftsträchtiger Forschungsergebnisse und stützen so die weitere Entwicklung der Gründerunternehmen.

Dieser Innovationsdruck aus den regionalen Clustern wird nur vor dem Hintergrund der allgemeinen Rahmenbedingungen der pharmazeutischen Industrie in den USA deutlich. An erster Stelle ist die Größe des Marktes zu nennen: Die USA machen etwa ein Drittel des Pharmaweltmarktes aus, die Präsenz international agierender Arzneimittelhersteller ist daher fast zwingend. Desweiteren ist der Kosten- bzw. Zeitaufwand für die Zulassung im Vergleich zu Deutschland allein schon deshalb geringer, da mit einer einzigen Zulassung bei der Food and Drug Agency (FDA) eine höhere Zahl von potentiellen Kunden erreicht werden. Zudem wird der amerikanischen FDA eine hohe Transparenz und Professionalität auf der operativen Ebene zugesprochen. Eine weitere zentrale Rahmenbedingung ist die gesellschaftliche Einstellung gegenüber der Bio- und Gentechnik, die in der Vergangenheit bereits erheblich langfristige Investitionsentscheidungen beeinflußt hat.

3.5 Attraktivität des FuE-Standorts Deutschland

Aus der Sicht der befragten Unternehmen kann Deutschland nicht mehr als "Apotheke der Welt" bezeichnet werden.[8] Im Gegensatz dazu haben sich in den USA an der Schnittstelle von Biotechnologie und Pharmazeutik exzellente regionale Innovationscluster herausgebildet, die eine außerordentlich hohe Anziehungskraft auf die Forschungsaktivitäten ausländischer Pharmaunternehmen ausüben. Die Patentanalyse in Kapitel II bestätigt diese negative Entwicklung in der Bundesrepublik. Die technologische Situation Deutschlands stellt sich in der Pharmaindustrie als ungünstig dar, dies betrifft insbesonders den Bereich der Biotechnologie. Hier konnte die USA einen besonderen Vorsprung erzielen, der Anteil an den weltweiten Patentanmeldungen wuchs von 42 % in 1983-86 auf 50 % für die Jahre 1991-94, während der Anteil der deutschen Patentanmeldungen von 10 % auf 6,7 % im gleichen Zeitraum gesunken ist.

Der Wandel hin zur Entwicklung der USA als weltweit wichtigsten Standort im Bereich der Biotechnologie/Pharmazeutik bahnte sich Ende der 70er Jahre an. Eine große Rolle für diese Veränderung spielte die öffentliche Diskussion über Chancen

---

8 Andere Untersuchungen bestätigen dieses Ergebnis (vgl. Sharp, Patel and Pavitt 1996, 24): "Whereas many countries have experienced declines in their shares of patenting and R&D, the US held its own. Europe, by contrast, has seen its share of both patenting and R&D fall, and variations in costs/prices from market to market indicate that although potentially a larger market than the US, it is still highly fragmented. The one success story among European countries is the UK which has seen a relative increase in its R&D expenditures in this sector and has been especially successful in developing products amongst the top selling drugs. (...) By contrast, Germany and Switzerland, the former dominant players in this sector, record a relatively disappointing performance."

und Risiken der Bio- und Gentechnologie. Im Zusammenhang mit dieser Auseinandersetzung in der Öffentlichkeit wurde für die Pharmaunternehmen derjenige Standort immer attraktiver, an dem in diesem Bereich sowohl Forschung betrieben als auch die Ergebnisse in neue Arzneimittel umgesetzt werden konnten. Diese zum Teil selbstzerfleischende öffentliche Auseinandersetzung wurde nicht nur in Deutschland und Westeuropa, sondern auch in den USA geführt und beeinflußte die Investitionsentscheidungen der forschenden Pharmaunternehmen nachhaltig.

Die Angst vor den Gefahren der Bio- und Gentechnologie war Ende der 70er Jahre auch in den USA sehr groß. So wurde etwa in Cambridge, Boston, 1976 vom Stadtrat ein Moratorium beschlossen, das Forschung im Bereich der Gentechnik an der Harvard University verboten hat; die Genlabors der Harvard Medical School standen still. Es ist fast schon eine Ironie der Geschichte, daß infolgedessen manch amerikanischer Forscher nach Kalifornien oder etwa in die Schweiz abwanderte, um weiter in diesem Bereich zu forschen. Eines der erfolgreichsten Biotech-Gründerunternehmen, die Firma Biogen, wurde aus diesem Grunde 1978 in der Schweiz gegründet. Nach neun Monaten Moratorium konnten die Genlabors in Boston und Cambridge ihre Forschungsarbeiten wieder aufnehmen. Infolge der veränderten Stimmung in der Schweiz und in Europa hat Biogen 1982 in Cambridge wiederum ein Labor etabliert und seine Aktivitäten an den ursprünglichen, amerikanischen Firmensitz zurückverlegt. Offenbar verlief die öffentliche Diskussion in den USA wesentlich heftiger und kontroverser, wurde dann aber - im Gegensatz zu Westeuropa und Deutschland - pragmatisch und kurzfristig gelöst.

Der deutsche Standort steht in der Forschung (Präklinik) nicht nur in scharfer Konkurrenz zu den USA, sondern auch innerhalb Westeuropas zu Großbritannien, Dänemark oder Schweden. Bei der Patentanalyse zeigt sich (vgl. Kapitel II. 1), daß vor allem Großbritannien (aber auch die Niederlande) im Bereich der Biotechnologie gegenüber den 80er Jahren aufgeholt hat. In Westeuropa kann die Region um London/Cambridge mit exzellenter Forschung in der Biotechnologie und hoher Attraktivität für ausländische FuE als regionales Kompetenzzentrum bezeichnet werden.

Aber auch in der klinischen Forschung (Entwicklung) steht der deutsche Standort im Vergleich zu anderen Ländern der Europäischen Union erheblich unter Druck. Aus Sicht der Unternehmen gelten Großbritannien, Schweden und die Niederlande als vorbildlich hinsichtlich der Transparenz des Zulassungsverfahrens und der Kooperations- bzw. Managementfähigkeiten der Krankenhäuser, die klinische Studien durchführen. Durch den Sitz der europäischen Zulassungsbehörde (European Medicines Evaluation Agency, EMEA) in London gewinnt dieser Standort für die klinische Forschung weiter an Bedeutung. Eine gewisse Nähe zur Zulassungsbehörde ist für eine rasche und effiziente Durchführung der klinischen Studien wichtig. In den Unternehmen für die Zulassung verantwortliche Abteilungen/Stellen dürften daher zunehmend in London aufgebaut werden. Unter Kostengesichtspunkten rükken auch ausgewählte osteuropäische Länder wie Polen oder Ungarn für die Durchführung klinischer Studien in den Blickwinkel der Firmen.

Deutschland stellt nach den USA (84,8 Mrd. US-$) und Japan (61,1 Mrd. US-$) mit 18,5 Mrd. US-$ weltweit den drittgrößten Markt für Pharmazeutika dar (vgl. EFPIA 1996, 5). Marktgröße ist ein wichtiger Faktor für die Standortwahl der FuE der forschenden Arzneimittelhersteller. Von dieser Seite her verfügt die Bundesrepublik über eine hohe Standortattraktivität, die aufgrund gewisser Einschränkungen erheblich hinter den Möglichkeiten zurückbleibt. In den Firmeninterviews wurden als wesentliche Nachteile für die pharmazeutische Forschung (Präklinik) in Deutschland genannt:

- Die in der Vergangenheit negative öffentliche Einstellung gegenüber der Bio- und Gentechnologie hat erheblich die langfristigen FuE-Investitionsentscheidungen der Unternehmen beeinflußt. Auch wenn sich das Klima in der Bundesrepublik heute verbessert hat, werden diese Entscheidungen nicht einfach rückgängig gemacht.
- Durch die Versäumnisse der Vergangenheit ist aus Sicht der Unternehmen ein Rückstand in der wissenschaftlichen Leistungsfähigkeit eingetreten.
- Die Zusammenarbeit in der Forschung zwischen Industrie und Wissenschaft ist immer noch unzureichend oder fehlt. Die Kooperationsfähigkeit der Universitäten wird von den Firmen oft als mangelhaft bezeichnet.
- Der Prozeß zur Beantragung von Tierversuchen ist zu langwierig und zu aufwendig. Zudem werden die Anträge in der Regel von Juristen und nicht von Fachleuten geprüft. Das bürokratische Prozedere erschwert die Forschung im Bereich der experimentellen Medizin. Innerhalb Europas werden als Positivbeispiele Frankreich und insbesondere Großbritannien angeführt.

Als wesentliche Nachteile für den Bereich der klinischen Forschung (Entwicklung) in der Bundesrepublik wurden in den Gesprächen folgende Punkte herausgestellt:

- Erhebliche Mängel auf der operativen Ebene bei der deutschen Zulassungsbehörde und eine de facto zu lange Dauer der Zulassungsverfahren. Beispielsweise wurde bemängelt, daß vor dem Start einer klinischen Studie Vorabstimmungen zwischen dem Unternehmen und dem Bundesinstitut für Arzneimittel und Medizinprodukte (BfArM) nicht möglich seien. Nach Abgabe der Prüfunterlagen komme es regelmäßig zu Nachbesserungswünschen ("Mängelbescheiden"), die erheblichen Zeitbedarf erfordern. Als Positivbeispiel rangiert die amerikanische FDA auf dem ersten Platz.
- Nachteile auf der Zeitachse bis zu einem Jahr sind auch auf die Vielzahl der Ethik-Kommissionen zurückzuführen. Wenn klinische Studien (Phase III) in verschiedenen Bundesländern oder Universitätskliniken durchgeführt werden sollen, muß das Votum aller zuständigen Ethikkommissionen eingeholt werden. Bei flä-

chendeckenden Studien können das in Deutschland 30 bis 50 verschiedene Kommissionen sein. Entscheidet nur eine Kommission negativ über den Antrag zur Durchführung der klinischen Studie, ist ein komplizierter Abstimmungsprozeß mit allen Kommissionen herzustellen. Von den Unternehmen wurde nicht das Prinzip der Ethik-Kommission an sich sondern deren Vielzahl und die Unterschiedlichkeit der Voten kritisiert.

- Nach Firmenangaben liegt der Zeitaufwand für die Durchführung einer klinischen Studie in Deutschland zwischen 20 % und dem fünffachen höher als in konkurrierenden Ländern wie Großbritannien oder den USA.

- Mangelndes Interesse der Ärzte und fehlende Kooperations- bzw. Managementfähigkeiten der Kliniken bei der Durchführung klinischer Studien: Hier herrscht bei den Firmen das Urteil, daß die Universitätskliniken auf klinische Prüfungen gar nicht eingestellt sind, die Arzneimittelhersteller werden oft als "Störenfriede" betrachtet. Es fehlen spezialisierte Prüfärzte und "study nurses" für die qualifizierte und termingerechte Realisierung der Studien. Zudem fehlen in der Bundesrepublik die im Ausland durchaus üblichen Berufsbilder der "study nurse".

- Beim dezentralisierten Zulassungsverfahren auf Ebene der Europäischen Union wird Deutschland offenbar nur in geringem Maße als Referenzland angefragt. In der Regel wird das Arzneimittel aber zuerst in den Rapporteur-Ländern zugelassen. Die Bundesrepublik droht im Hinblick auf innovative Arzneimittel in Europa zur "zweiten Wahl" zu werden.

Wesentliche Vorteile des deutschen Standorts sind aus Blick der Unternehmen folgende Punkte:

- die Standortattraktivität geht wesentlich auf die Marktgröße zurück, Deutschland ist weltweit der drittgrößte und in Europa der größte Pharmamarkt.

- Hohe Qualifikation und Motivation der Forscher bzw. der technischen Mitarbeiter, hohe Bereitschaft der Forscher, im Ausland tätig zu sein.

- Die zentrale Lage Deutschlands innerhalb Europas auch im Hinblick auf die Nähe zu den osteuropäischen Märkten.

- Eine sehr gute Verkehrsinfrastruktur.

IV. Internationalisierung technologischer Kompetenzen in der Halbleitertechnik
(Heike Belitz)

1. Markt und Technikentwicklung

1.1 Technisch-wissenschaftliche Dynamik

Die Technologien der Herstellung von Elektronik-Bauelementen haben zwei Grundlagen: zum einen die Erfindung des Transistors im Jahr 1948 und zum anderen die auf der Siliziumplanartechnologie aus dem Jahr 1959 aufbauende Halbleitertechnologie. Ihre Weiterentwicklung ermöglicht die Miniaturisierung und Kostenreduzierung von komplexen Informationsverarbeitungssystemen, die in Computern, Telekommunikationssystemen sowie Meß-, Steuer- und Regelungssystemen in verschiedenen Anwendungsbereichen eingesetzt werden und die technische Leistung dieser Systeme wesentlich erhöhen. Halbleiter-Bauelemente sind somit aus Sicht des volkswirtschaftlichen Kreislaufs Vorleistungsgüter.

Die wichtigsten Produkte der Halbleitertechnologie sind:

- integrierte Schaltkreise,
  - mit analoger Signalverarbeitung (Verstärker),
  - mit digitaler Signalverarbeitung (Speicher- und Logikchips, Prozessoren),
- Leistungsbauelemente (Smart-Power-ICs),
- diskrete Halbleiter (Transistoren, Dioden, optoelektronische Bauelemente).

Nach mehreren Jahrzehnten der Entwicklung ist die Halbleitertechnologie eine *gut beherrschte Basistechnologie* mit hoher und weiter steigender Durchdringung von Anwendungs- und Marktfeldern wie:

- Telekommunikation,
- Computer,
- Industrie (Steuerungen),
- Consumer (Unterhaltungselektronik, Steuerung von Haushaltsgeräten),
- Multimedia,
- Automotive (Automobilelektronik),
- Militärtechnik,
- Medizintechnik/ Gesundheit.

Durch die Weiterentwicklung der Halbleitertechnologie (Miniaturisierung, Erhöhung des Integrationsgrades) und die Entwicklung der Geräte in den Anwendungsfeldern entstehen immer wieder neue standardisierte und anwendungsspezifische Halbleiter-Bauelemente, die den Produktlebenszyklus (Einführung, Wachstum, Reife, Sättigung, Degeneration) durchlaufen. Ein besonders hohes Innovationstempo herrscht in Anwendungsbereichen mit schnell wachsenden Märkten.

In der Entwicklung der *Prozeßtechnologie* wird der technische Fortschritt durch Miniaturisierung und Erhöhung des Integrationsgrades erreicht. Dabei werden die physikalisch-chemischen Grundlagen erarbeitet und Techniken für die Massenfertigung entwickelt ("manufacturing science"), die eine hohe Ausbeute und damit eine kostengünstige Produktion ermöglichen. Die Prozeßentwicklung bei den Halbleiterherstellern hat, solange sie die physikalisch-chemischen Grundlagen betrifft, Forschungscharakter. Die Produktivität der *Produktentwicklung* wird wesentlich durch Entwurfswerkzeuge (Verfahren, Software für Hersteller und Anwender) bestimmt. In der Produktentwicklung sind Forschungstätigkeiten seltener, die Entwicklung überwiegt, wobei die Grenze zwischen Forschung und Entwicklung nicht klar zu ziehen ist.

Neue anwendungsspezifische Produkte für die einzelnen Teilmärkte entstehen durch die Kombination von Wissen zur Halbleiter-Technologie mit Systemwissen aus den Anwendungsbereichen. Bei der Entwicklung von anwendungsspezifischen Halbleiter-Bauelementen kooperieren deshalb die Halbleiterhersteller als Vorleistungslieferanten mit den Systemherstellern (z.B. Automobilzulieferer, Telekommunikationsgerätehersteller). Aufgrund der Bedeutung der elektronischen Bauelemente für die technische Leistung der Anwendungssysteme verfügen auch einige Systemhersteller über Entwicklungskapazitäten für Halbleiter-Bauelemente. In vertikal integrierten Konzernen, z.B. der Elektrotechnik und des Automobilbaus, werden die Halbleiterbereiche aber zunehmend als selbständige Profitcenter geführt, die mit Anwendern außerhalb des eigenen Konzerns ebenso zusammenarbeiten wie mit Anwendern aus dem Konzernverbund. Mit der Zahl und der Vielfalt der Kooperationen mit Anwendern erhöht sich dabei die Leistungsfähigkeit der Produktentwicklung bei den Halbleiterherstellern. Deshalb gewinnt auch die Zusammenarbeit von Marketing- und Entwicklungsabteilungen in den Halbleiterunternehmen an Bedeutung.

1.2 Marktentwicklung

Der Halbleiter-Markt wächst seit Jahrzehnten mit überdurchschnittlichen Wachstumsraten, wenn auch mit zyklischem Muster aufgrund von starken Preisschwankungen, vor allem im Bereich der Standard-Speicher-Bausteine (vorwiegend DRAM), durch immer wieder entstehende Überkapazitäten. DRAM haben einen Anteil von etwa 15 % bis 20 % am Weltmarkt. Das Volumen des Weltmarktes hat sich von 13,1 Mrd. $ im Jahr 1980 auf 132 Mrd. $ im Jahr 1996 verzehnfacht. Die durchschnittliche jährliche Wachstumsrate lag damit bei gut 15 %. Legt man diese durchschnittliche Wachstumsrate auch der Marktprognose für den Zeitraum bis zum Jahr 2000 zugrunde, so wird der Markt dann einen Umfang von etwa 245 Mrd. $ haben (Abb. IV.1-1).[1]

Abbildung IV.1-1: Weltmarkt für Halbleiter 1980 bis 2000

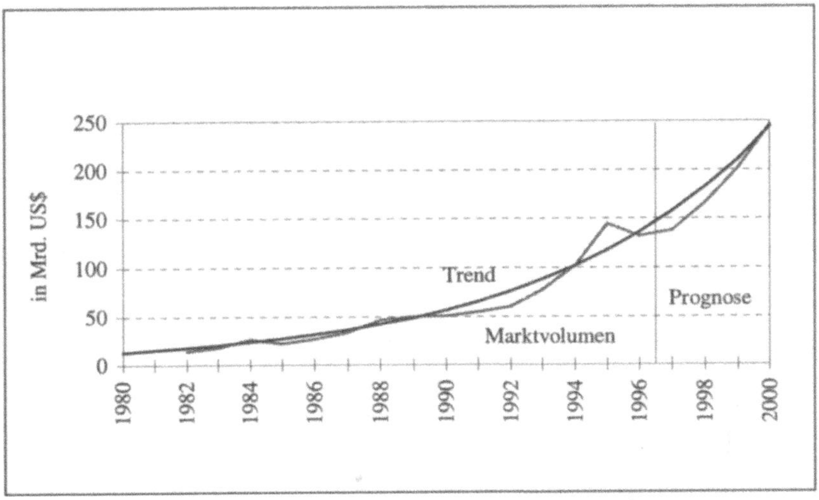

Quelle: WSTS.

Gut 46 % des weltweiten Umsatzes mit Halbleitern entfielen im Jahr 1996 auf US-amerikanische Unternehmen (Unternehmen mit Stammland USA), die seit 1993 wieder den größten Marktanteil haben, nachdem im Zeitraum von 1986 bis 1992 japanische Unternehmen den Weltmarkt dominierten. Der Anteil japanischer Unternehmen am Halbleitermarkt lag 1996 bei 36 % (Abb. IV.1-2). Der Anteil US-amerikanischer und japanischer Halbleiter-Hersteller am Weltmarkt ist von etwa 90 % zu Beginn der 80er Jahre auf gut 80 % Mitte der 90er Jahre zurückgegangen. Vor allem Unternehmen aus Südkorea und Taiwan haben vorwiegend bei den Speicher-Bauelementen Marktanteile gewonnen.

Mit etwa einem Drittel des Weltmarktes ist Nordamerika der größte regionale Teilmarkt für Halbleiter-Bauelemente. Ein gutes Viertel des Halbleitermarktes entfällt auf Japan sowie jeweils gut 20 % auf Europa und die Region Asien/Pazifik.

1 Nach Angaben der World Semiconductor Trade Statistics (WSTS), einer Organisation von etwa 70 Halbleiter-Herstellern, die den Verbrauch von Halbleiter-Bauelementen erfaßt und halbjährlich Marktprognosen erarbeitet.

Bis zum Jahr 2000 wird eine Verringerung des Marktanteils in Japan auf 21 % zugunsten eines leicht steigenden Anteils der Region Asien/Pazifik auf 24 % erwartet.

Abbildung IV.1-2: Anteile US-amerikanischer und japanischer Halbleiterunternehmen am Weltmarkt 1982-1996

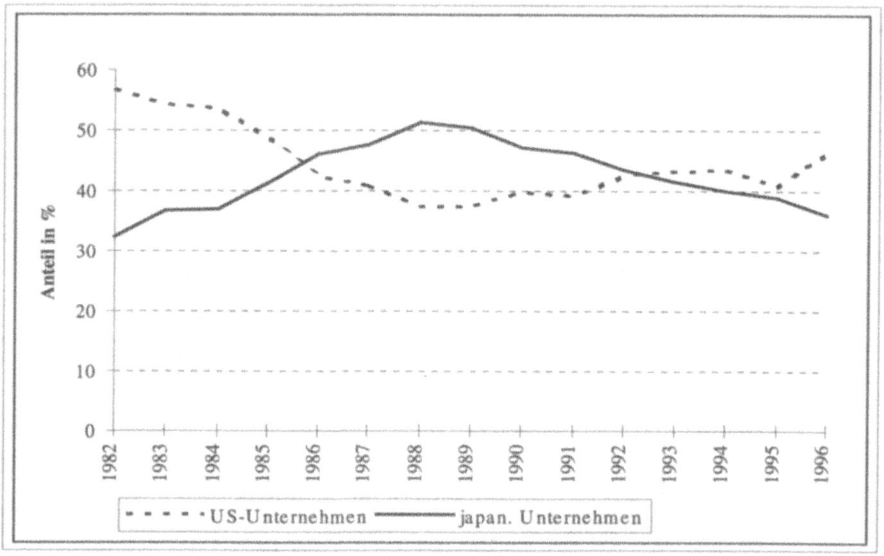

Quelle: WSTS.

Das bei weitem bedeutendste Anwendungsfeld von Halbleiter-Bauelementen ist die Computertechnik. Auf dieses Marktsegment entfällt weltweit die Hälfte des Halbleiterverbrauchs. Jeweils 17 % des Umsatzes gehen in die Anwendungsbereiche Konsumelektronik und Telekommunikation, gefolgt von Industrieelektronik mit 10 % und Automobilelektronik mit 5,6 %. Die regionalen Schwerpunkte dieser Marktsegmente liegen für:

- Computer in den USA (40 % des Marktsegments),
- Konsumelektronik in Japan (46 %) und Asien/ Pazifik (30 % des Marktsegments),
- Telekommunikation in Europa (32 %) und den USA (33 % des Marktsegments) sowie
- Automobilelektronik in Europa (30 %) und den USA (37 % des Marktsegments).[2]

---

2 VDE-Trendanalyse (1997).

Deutschland hatte 1996 bei einem Marktvolumen von etwa 7,8 Mrd. $ einen Anteil am gesamten Halbleiter-Weltmarkt von knapp 6 %. In Relation dazu überproportionale Bedeutung haben in der Bundesrepublik die Bereiche Automobilelektronik mit 18 % des entsprechenden weltweiten Marktsegmentes, Telekommunikation mit 9 % und Industrieelektronik mit 11 %.

Ein relativ junger und dynamischer Anwendungsbereich von Halbleiter-Bauelementen ist der Markt für Chipkarten (Smart Cards), die vorwiegend für Zahlungsanwendungen, im Telekommunikationsbereich sowie im Gesundheits- und Transportwesen eingesetzt werden. Das Marktvolumen lag nach Angaben des ZVEI 1996 bei etwa 500 Mill. $ und soll bei einer innerhalb des Halbleiterbereichs vergleichsweise überdurchschnittlichen jährlichen Wachstumsrate von 36 % im Jahr 2000 etwa 2,5 Mrd. $ erreichen. Der wichtigste Regionalmarkt für Smart Cards ist Europa mit einem Anteil am Weltmarkt von etwa 90 %. Dieser Anteil wird bis zum Jahr 2000 auf etwa 40 % zurückgehen. Dennoch bleibt Europa die wichtigste Marktregion und damit der führende Markt ("lead market"), wo in den nächsten Jahren die Entwicklung für Smart Card IC vorangetrieben wird. Die drei großen europäischen Halbleiterhersteller Siemens, Philips und SGS Thomson gehören neben den US-amerikanischen Unternehmen Texas Instruments und Motorola zu den weltweit führenden Anbietern für Smart Card IC. Auch das japanische Unternehmen NEC hat angekündigt, zu einem der führenden Hersteller aufsteigen zu wollen.

Eine *führende Marktregion* (lead market) zeichnet sich dadurch aus, daß

- hier die anpruchsvollen Kunden und Erstanwender konzentriert sind,
- regional eine bestimmte Schwelle des Marktvolumens überschritten ist, die den Markt für multinationale Unternehmen attraktiv macht und
- ein überdurchschnittliches Marktwachstum stattfindet, wobei die erwarteten künftigen Wachstumsraten in anderen Regionen, die "nachholen", auch größer sein können.

In den Marktanalysen und -prognosen zeigt sich, daß Deutschland in folgenden Marktsegmenten eine führende Marktregion bzw. ein Teil der führenden Marktregion Europa ist:

- Automobilelektronik
- Telekommunikation
- Industrieelektronik
- Smart Card IC.

1.3 Internationalisierung der Produktion

Die Halbleiterhersteller bedienen den Weltmarkt. Sie tendieren dazu, Produktionsstätten in allen Triaderegionen USA, Europa und Südostasien zu betreiben. Der Zusammenhang zwischen dem regionalen Absatz und den Produktionskapazitäten in den Waferfabs[3] wurde von 1988 bis 1994 enger. Nur die Regionen Asien/ Pazifik und Europa konnten den Anteil an der weltweiten Produktion erhöhen, weil dort der Anteil an der weltweiten Nachfrage wuchs und nach Einschätzung der Unternehmen weiterhin wachsen wird (vgl. Tab. IV.1-1).

Tabelle IV.1-1: Regionalstruktur der Produktion in Waferfabs und der Nachfrage nach Halbleiterbauelementen 1988 bis 1994

	Produktion[1)]		**Nachfrage**		**Prognose der Nachfrage im Jahr 2000**
	1988	**1994**	**1988**	**1994**	
	in %				
Nordamerika	37	36	30	33	33
Europa	11	14	18	19	21
Asien insgesamt	51	50	52	48	46
davon:					
Japan	48	40	40	29	22
Asien/Pazifik	3	10	12	19	24
Insgesamt	100	100	100	100	100

[1)] Produktion in Waferfabs.

Quellen: Dataquest, WSTS

Die US-amerikanischen Unternehmen haben ihre Globalisierung am weitesten vorangetrieben (vgl. Tab. IV.1-2). Sie haben bereits in den 60er Jahren Produktionsstätten, vor allem für arbeitsintensive Montage- und Testfunktionen (Back-end), in Malaysia, Singapur, den Philippinen, Südkorea und Mexiko errichtet. Seit den 70er Jahren haben sie auch Front-end-Fabriken in Europa und seit Mitte der 80er Jahre auch in Asien aufgebaut. Europäische und japanische Unternehmen haben bereits in den 70er Jahren Montage- und Testfunktionen nach Südostasien verlagert und in den 80er Jahren Front-end-Fabriken in anderen Triaderegionen errichtet. Anfang der 90er Jahre floß etwa ein Viertel der Investitionen japanischer Halbleiterhersteller ins

3 In Waferfabs (Front-end-Fabriken) werden in einem vielstufigen chemisch-physikalischen Bearbeitungsprozeß auf Siliziumscheiben (Wafer) viele gleichartige integrierte Schaltungen hergestellt.

Ausland.[4] In den 90er Jahren führen auch koreanische Halbleiterhersteller im Ausland Investitionen durch.

Tabelle IV.1-2: Geschichte der Internationalisierung der Halbleiterproduktion

	US-amerikanische Unternehmen	Japanische Unternehmen	Europäische Unternehmen	Südostasiatische Unternehmen
60er Jahre	Back-end in Asien, Mexiko			
70er Jahre	Front-end in Europa (besonders 1969-1974)	Back-end in Asien	Back-end in Asien	
80er Jahre	Front-end in Asien	Front-end in USA und Europa	Front-end in den USA	
90er Jahre			und Asien	Front-end in USA und Europa
Auslandsanteil der Produktion 1993	30 %	15 %	> 10 %	< 5 %
Marktanteil der Unternehmen aus anderen Regionen[1)] 1996	32 %	25 %	ca. 80 %	ca. 80 %

[1)] Heimatland der Muttergesellschaft.

Quellen: Sumita (1995), WSTS, Schätzungen des DIW.

Gründe für die Internationalisierung der Produktion in der Halbleitertechnologie liegen vor allem darin, daß

- die Vorleistungslieferanten ihren Kunden, z.B. den Herstellern von Computern und Unterhaltungselektronik, bei der Internationalisierung der Produktion in deren Märkte folgen,
- lohnkostenintensive Montage- und Testprozesse in den Schwellenländern kostengünstiger durchgeführt werden können (Back-end-Standorte in Südostasien),
- aufgrund von bestehenden oder befürchteten Handelsbarrieren Produktionsstätten in den Absatzmärkten errichtet werden (japanische Unternehmen in Europa).

4 Vgl. Sumita (1995).

In Europa, darunter auch in Deutschland, ist der Anteil ausländischer Unternehmen im Markt für Halbleiter-Bauelemente besonders hoch. Ein großer Teil des Verbrauchs wird in lokalen Produktionsstätten dieser multinationalen Unternehmen hergestellt. Die großen US-amerikanischen Unternehmen Intel, Motorola, Texas Instruments und IBM realisierten im Jahr 1996 etwa 20 % bis 25 % ihrer Umsätze in Europa, in den großen asiatischen Unternehmen wie NEC, Mitsubishi, Fujitsu und Samsung lag der Anteil Europas am Umsatz bei etwa 10 % bis 15 %. In den großen europäischen Halbleiterunternehmen SGS Thomson und Philips entfielen deutlich mehr, nämlich über 40 % des Umsatzes auf Europa, bei Siemens sogar gut 60 %. Dies zeigt auch die noch bestehende Konzentration der meisten Unternehmen auf den Markt der Heimatregion. Künftig ist jedoch zu erwarten, daß sich die Verteilung der Produktion und des Umsatzes der Unternehmen auf die großen Marktregionen angleichen wird.

1.4 Wettbewerbsdynamik

Der Halbleitermarkt wird von weltweit operierenden Konzernen bestimmt. Die jeweils zehn führenden Unternehmen hatten auf dem weltweiten und auf dem europäischen Markt im Jahr 1996 einen Anteil von etwa 60 %. Durch die Öffnung der Märkte (Handelsabkommen zwischen den USA und Japan, Abbau der Einfuhrzölle in Europa) und die Zunahme der Produktion der Unternehmen im Ausland hat die Wettbewerbsintensität zugenommen. Die Rangfolge der führenden multinationalen Unternehmen auf dem Weltmarkt verändert sich. Bei Standardprodukten, wie DRAM-Speichern, sind die Anbieter einem intensiven Preiswettbewerb ausgesetzt. So sind die Preise für DRAM im Jahr 1996 aufgrund von Nachfrageüberhängen innerhalb weniger Monate um 80 % gefallen. Bei anwendungsspezifischen Produkten findet zwischen den Anbietern vorwiegend ein Qualitätswettbewerb statt, in dem die Entwicklungszeiten, Leistungsmerkmale (darunter auch Einhaltung von Standards) Lieferzeiten und Lieferzuverlässigkeit entscheidende Faktoren sind.

Zwischen den Ländern und Teilregionen gibt es einen Wettbewerb um die Ansiedlung neuer Waferfabs, in dem vor allem durch die Investitionsförderung in strukturschwachen Regionen staatliche Anreize auch für ausländische Unternehmen gesetzt werden[5]. In der Forschungsförderung werden in den meisten Ländern noch vorwiegend einheimische Unternehmen gefördert, wenngleich auch hier zumindest in Europa und den USA eine Öffnung für ausländische Unternehmen stattfindet. Die großen Unternehmen arbeiten über die Grenzen der Triaderegionen hinweg in strategischen Allianzen zur Entwicklung der Prozeßtechnologie zusammen und betreiben in Joint Ventures Fertigungen, um die hohen Investitionskosten und das damit verbun-

---

5 Beispiele sind die Förderung der Errichtung von Waferfabs in Avezzano/ Italien durch Texas Instruments, in Silicon Glen/ Schottand u.a. durch Hyundai, in Dresden durch Siemens und AMD.

dene Risiko der Auslastung der hochproduktiven Anlagen zu teilen. Insgesamt besteht im Halbleitermarkt eine hohe Wettbewerbsdynamik zum Nutzen der Anwenderindustrien.

2. Untersuchte Unternehmen

Zur Untersuchung der Folgen der Internationalisierung der Forschung und Entwicklung (FuE) im Halbleiterbereich für den Forschungsstandort Deutschland wurden neun Hersteller ausgewählt, die in Deutschland und möglichst auch im Ausland Forschungs- und Entwicklungsaktivitäten durchführen sowie zu multinationalen Unternehmensverbünden gehören (Tab. IV.2-1). Alle untersuchten Unternehmen verfügen über Vertriebsorganisationen in Deutschland. Mit Ausnahme von NEC, Motorola und LG Semicon betreiben die Unternehmen auch Fabriken zur Waferbearbeitung in Deutschland. Bis auf das Unternehmen ITT Intermetall, das im September 1997 von der US-amerikanischen Muttergesellschaft ITT Industries an die Micronas Semiconductor Holding AG, Zürich, verkauft wurde, und das südkoreanische Unternehmen LG Semicon, haben die anderen sieben Unternehmen Waferfabs im Ausland und Produktionsstandorte in allen Triaderegionen. Die FuE der betrachteten Unternehmen wird vom Heimatland des Konzerns (Stammland) gesteuert. Eine Ausnahme stellt ITT Intermetall dar, das innerhalb des Konzernverbunds ITT selbständig agiert und dessen FuE-Aktivitäten in Deutschland konzentriert sind. Das bislang vorwiegend im Speicherbereich tätige südkoreanische Unternehmen LG Semicon ist auch in FuE nur wenig internationalisiert.

Die ausgewählten Unternehmen gehören zu Konzernen, die etwa ein Drittel sowohl des Weltmarktes als auch des europäischen Marktes für Halbleiter-Bauelemente repräsentieren. Dazu gehören auf dem Weltmarkt führende ausländische Halbleiterhersteller wie NEC (Rang 2), Motorola (Rang 3), Texas Instruments (Rang 6), Mitsubishi (Rang 9) und Philips (Rang 11), deren Produktion bereits stark internationalisiert ist.

Ein Vorreiter der Internationalisierung der Produktion ist Texas Instruments mit 29 Fertigungsstätten, darunter 6 Joint Ventures, in 11 Ländern. Von den insgesamt 43.000 Beschäftigten im Halbleiterbereich entfallen knapp die Hälfte auf die USA (davon über 70 % auf den Bundesstaat Texas), jeweils etwa 12 % auf Europa und Japan und ein knappes Viertel auf die Region Asien/Pazifik. Bereits im Jahr 1966 begann die Halbleiterproduktion in Freising bei München und 1968 in Japan.

Tabelle IV.2-1: Untersuchte Halbleiterunternehmen in Deutschland

Unternehmen in Deutschland	Heimatland des Konzerns	Halbleiter-Umsatz im Konzern 1996	Anteil des Umsatzes in Europa	Patentanteil im Ausland (EPA) 1991-94	Waferfab des Konzerns in		
		in Mill. $	in %	in %	Europa	USA	Asien
ITT Intermetall Halbleiterwerk	USA, Schweiz (seit 1997)	285	63	0	D	-	-
Lucky Goldstar Semicon	Südkorea	2860 (1995)	16	0	-	-	X
Mitsubishi Electric Europe GmbH	Japan	4200	11	0	D, F	X	X
Motorola GmbH	USA	8440	22	3	GB, F	X	X
NEC Electronics GmbH	Japan	10580	11	1	GB	X	X
Philips GmbH	Niederlande	4130	42	37	NL, D, F, GB	X	X
Siemens	Deutschland	2650	62	9	D, A, GB	X	X, JV[1]
Temic Telefunken microelectronics GmbH	Deutschland	867	49	32	D, F, A	X	Back-end
Texas Instruments Deutschland GmbH	USA	7090	22	18	D, IT	X	X

[1] Joint Venture

Quellen: Unternehmensinformationen, Dataquest

NEC verfügt über 32 Fabriken in 8 Ländern. In Europa errichtete NEC die erste Produktionsstätte zur Montage (Back-end) bereits 1974 in Irland und zur Waferbearbeitung 1981 in Schottland. In den USA wurde 1982 eine Waferfab in Kalifornien aufgebaut. In Asien verfügt NEC seit den 70er Jahren über Back-end-Fabriken, die erste entstand 1974 in Malaysia. 1991 wurde eine Waferfab in China errichtet.

Das größte deutsche Halbleiterunternehmen Siemens mit 19.300 Mitarbeitern führt seit Beginn der 70er Jahre in der Region Asien/ Pazifik (Singapur, Malaysia) Montage- und Prüfprozesse durch. Zur Zeit wird in Taiwan gemeinsam mit dem einheimischen Unternehmen Mosel-Vitelic eine Waferfab errichtet. In Asien sind etwa 40 % der Mitarbeiter des Halbleiterbereiches von Siemens beschäftigt. Seit Beginn der 90er Jahre baut Siemens seine ausländischen Produktionsstätten in Europa (Frankreich: Joint Venture mit IBM, Großbritannien, Portugal) und den USA (Joint Venture mit Motorola) aus, wo bereits seit 1979 Optohalbleiter und LED (Light Emitting Diodes) gefertigt werden.

Die untersuchten Unternehmen bzw. Unternehmensbereiche sind überwiegend Teile elektrotechnischer Konzerne (Siemens, Motorola, Texas Instruments, Philips, NEC, Lucky Goldstar), aber auch von Industriekonglomeraten (Temic/Daimler Benz, Mitsubishi, ITT). Es zeichnet sich aber ab, daß sich die Verbindungen zwischen den Halbleiterbereichen als Vorleistungslieferanten und den Anwenderbereichen innerhalb der vertikal integrierten Konzerne lösen.

Die Untersuchung der Internationalisierung von FuE in Unternehmen der Halbleitertechnik basiert auf folgenden Methoden und Informationen:

- Gespräche mit Unternehmensvertretern aus den Bereichen FuE und Marketing in Deutschland. Da die meisten Gesprächspartner der ausländischen Unternehmen im Bereich der Produktentwicklung tätig sind, dominiert der Blick auf diesen Bereich von FuE. In 9 Unternehmen wurden insgesamt 11 Gespräche geführt.
- Öffentlich zugängliche Informationen über die befragten und weitere Unternehmen in Deutschland. Ausgewertet wurden u.a. Geschäftsberichte, Marktstudien, Verbandsinformationen, Presseartikel und Selbstdarstellungen der Unternehmen im Internet.
- Patentanalyse der am Europäischen Patentamt (EPA) im Zeitraum von 1983 bis 1994 angemeldeten Patente im Halbleiterbereich für 16 ausgewählte Unternehmen, darunter die neun befragten (siehe auch Kapitel II.).

3. Analyse ausgewählter Halbleiterunternehmen und Ergebnisse

3.1 Internationalisierung von FuE

Die Internationalisierung der FuE in der Halbleiterindustrie ist im Vergleich zu den Technikfeldern Pharmazeutik und Nachrichtentechnik weniger entwickelt. Dies zeigt auch der geringere Anteil der auf Erfindungen im Ausland zurückgehenden Patente. Die Forschung für die Prozeßtechnologie wird in den Unternehmen noch weitgehend zentral durchgeführt und ist im Heimatland konzentriert. Dies hängt auch damit zusammen, daß die Halbleitertechnologie aufgrund ihrer Bedeutung für die Militärtechnik und als Querschnittstechnologie sowie der Bedeutung von Lernkurveneffekten und daraus resultierenden Markteintrittsbarrieren in den USA, Japan und Europa als "strategische Industrie" angesehen wurde. Deshalb wurde die Forschung der einheimischen Unternehmen mit staatlichen Programmen gefördert wie z.B.

- das MITI in Japan zur Entwicklung von Supercomputern, von elektronischen Bauelementen und der 5. Rechnergeneration in den 80er Jahren,
- SEMATECH in den USA ab 1987,
- dem MEGA-Projekt in Deutschland und den Niederlanden 1984 bis 1988 und
- JESSI in Europa von 1989 bis 1996.

Die begonnene Öffnung dieser nationalen und regionalen Programme für ausländische Unternehmen, z.B. die Kooperation von SEMATECH und JESSI, die Öffnung von SEMATECH für ausländische Unternehmen im Equipmentbereich sowie die zahlreichen Kooperationen zwischen Halbleiter- und Equipmentunternehmen über Ländergrenzen hinweg sind ein Ausdruck der fortschreitenden Internationalisierung in diesem Technologiefeld.

Multinationale Unternehmen verfügen über zentrale Forschungslabors im Heimatland, in denen die Basis-*Prozeßtechnologie* entwickelt wird. FuE zur Prozeßtechnologie, vor allem zur Verbesserung der Massenfertigungsprozesse (manufacturing science), findet in geringem Umfang auch an den jeweils führenden modernsten Produktionsstandorten statt, die im Prozeß der Globalisierung der Produktion immer öfter auch außerhalb des Stammlandes entstehen. Aufgrund der hohen Investitionskosten verzichten Unternehmen z.T. auf die Errichtung neuer Forschungs-Pilotfertigungen und führen produktionsnahe Forschungs- und Entwicklungsarbeiten auch in den Waferfabs durch.

Die *Produktentwicklung* anwendungsspezifischer Bauelemente wird zunehmend in engem Kontakt zu den Kunden in den führenden Märkten (lead markets) durchgeführt. Standardprodukte, wie Mikroprozessoren, werden dagegen noch vorwiegend am Heimatstandort entwickelt. Jedoch ist auch in diesen Bereichen bei einigen multinationalen Unternehmen seit längerer Zeit eine internationale Arbeitsteilung zu beobachten, vor allem um das Potential an Forschern und Entwicklern im Ausland zu nutzen. So entwickelt z.B. IBM in Deutschland in seinem bereits 1953 gegründeten Entwicklungslabor Mikroprozessoren für Großrechner. Dieses Labor hat innerhalb des Konzerns die weltweite Verantwortung für diesen Bereich.

Der Grad der Internationalisierung der Forschung und Entwicklung in den Unternehmen hängt ab von

- der Geschichte des Unternehmens und vom Zeitpunkt des Einstiegs in die Technologie,
- der Größe des Heimatlandes und des Heimatmarktes,
- der Größe des Unternehmens und der Produktdiversifizierung sowie
- der Bedeutung der Auslandsmärkte für das Unternehmen.

Je größer die Bedeutung der Auslandsmärkte für ein Unternehmen ist und je kleiner der Heimatmarkt, um so größer ist auch der Zwang zur Internationalisierung in FuE (vgl. Abb. IV.3-1).

Abbildung IV.3-1: Auslandsanteil von Umsatz und FuE der untersuchten multinationalen Halbleiterunternehmen*

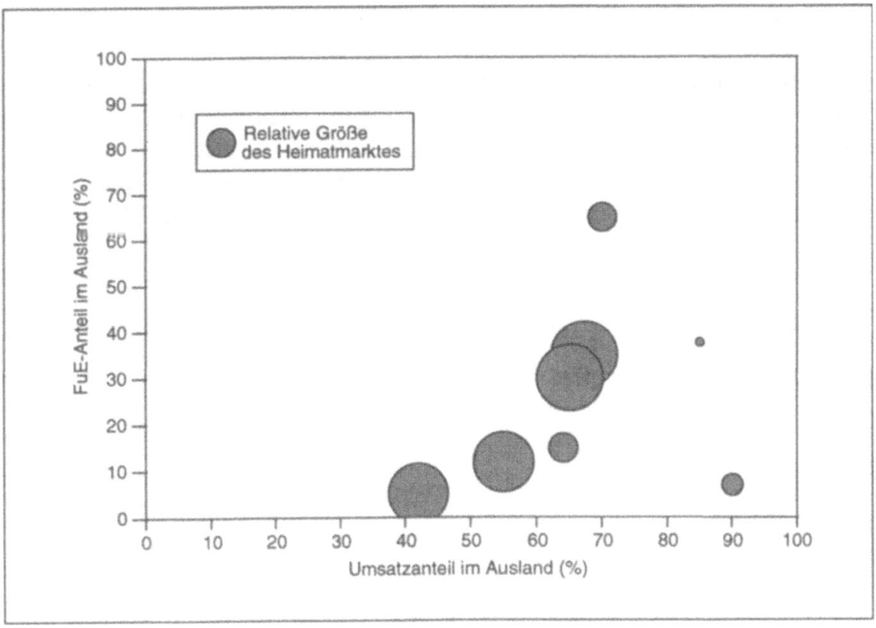

* ohne ITT Intermetall

Quelle: Unternehmensangaben, Schätzungen des DIW.

Je diversifizierter das Produktspektrum und damit auch der Kundenbezug der Halbleiterprodukte, um so mehr ist auch die Nähe von FuE zu den Kunden Voraussetzung für den Weltmarkterfolg. Es gibt aber auch kleine Halbleiterunternehmen, die spezielle Märkte auch im Ausland mit Hochtechnologieprodukten in kleineren Stückzahlen bedienen, deren Forschung noch weitgehend in einem Land konzentriert ist (z.B. ITT Intermetall). Die südkoreanischen Unternehmen, die erst relativ spät mit Standardprodukten in den Weltmarkt eingetreten sind, sind trotz hoher Abhängigkeit vom Außenmarkt noch wenig internationalisiert in Produktion und Forschung.

Die US-amerikanischen Unternehmen waren bis in die Mitte der 80er Jahre Weltmarktführer und haben bereits früh mit der Internationalisierung der Produktion und der Forschung begonnen. Europäische Unternehmen haben die Internationalisierung zunächst nur innerhalb des für sie wichtigsten Triademarktes Europa vorangetrieben und erst seit dem Ende der 80er Jahre auch außerhalb Europas, und zwar vor allem in den USA, ihre Forschungsaktivitäten verstärkt. Japanische und insbesondere südkoreanische Unternehmen, die bisher vorwiegend im Bereich der DRAM-Speicher, einem Massenprodukt, auf dem Weltmarkt erfolgreich waren, haben im Zuge der Erweiterung ihres Produktspektrums auf anwendungsspezifische Bauelemente und in Relation zur Bedeutung der Auslandsmärkte noch einen Nachholbedarf bei der Internationalisierung der Forschungsaktivitäten in Europa und in den USA. Sie richten zunächst im Ausland vorwiegend sogenannte "Horchposten" für FuE ein, um die Trends der technologischen Entwicklung zu erfassen und die Bedürfnisse ihrer künftigen Kunden kennenzulernen.

Im Vergleich zu anderen Technikfeldern spielen Patente in der Halbleitertechnologie eine geringere Rolle. Bei hoher FuE-Intensität in allen drei untersuchten Technikfeldern (in den Halbleiterunternehmen über 10 %), ist die Relation zwischen der Zahl der am Europäischen Patentamt (EPA) zwischen 1991 und 1994 angemeldeten Patente und dem Weltmarktvolumen in der Halbleitertechnologie am kleinsten (vgl. Tab. IV.3-1).

Tabelle IV.3-1: Weltmarktvolumen und Zahl der Patente nach Technikfeldern

Technikfeld	Weltmarktvolumen Mitte der 90er Jahre in Mrd. US$	Am EPA angemeldete Patente (1991 - 1994)
Pharmazeutik	225 bis 280	17500
Halbleitertechnologie	130	5600
Telekommunikationsgeräte	120	14000

Im Rahmen dieser Untersuchung wurde für 16 Unternehmen der Halbleiterindustrie eine Analyse der am Europäischen Patentamt angemeldeten Patente in der Halbleitertechnologie nach dem Heimatland der Erfinder im Zeitraum von 1983 bis 1994 durchgeführt. Ein Ziel dieser Patentanalyse war es, die Internationalisierung der Erfindungstätigkeit in der Forschung der Unternehmen abzubilden. Bei den Interviews in den Unternehmen hat sich allerdings gezeigt, daß der Internationalisierungsgrad von FuE in den Halbleiterunternehmen, gemessen am Anteil des FuE-Aufwandes im Ausland, schon weiter entwickelt ist, als dies in den Patentdaten zum Ausdruck kommt (Abb. IV.3-2). Das hängt vor allem damit zusammen, daß die Unternehmen im Ausland vorwiegend Entwicklungstätigkeiten durchführen, deren Ergebnisse oft nicht patentierbar sind. Außerdem beziehen sich die analysierten Patentzahlen auf die Halbleitertechnologie im engeren Sinne und nicht auf die Anwendungsprodukte, wie z.B. Halbleiter-Bauelemente für Telekommunikationsgeräte.

Abbildung IV.3-2: Zusammenhang zwischen dem Anteil der FuE-Aufwendungen im Ausland und dem Anteil der Patente (EPA) im Ausland in ausgewählten Halbleiterunternehmen

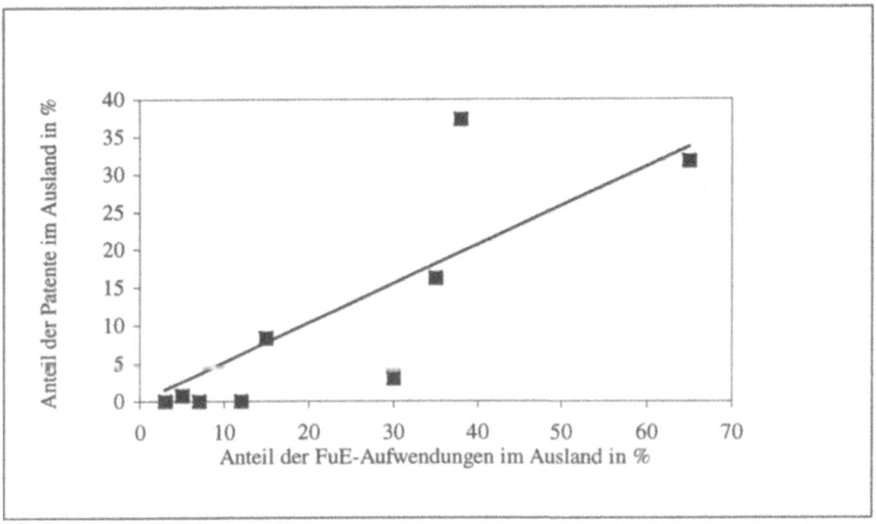

Acht der Unternehmen hatten im untersuchten Zeitraum beim Europäischen Patentamt mehr als eine Erfindung mit Ursprung im Ausland (Erfinderadresse) angemeldet: Hitachi, IBM, Motorola, NEC, Philips, Siemens, Temic/ Daimler Benz und Texas Instruments. Der Anteil dieser acht Unternehmen an allen erteilten Patenten lag in der letzten analysierten Periode von 1991 bis 1994 bei gut einem Viertel, ihr Anteil an den Patenten mit Erfindungsort in Europa lag bei 35 %. Diese relativ hohen Anteile zeigen die hohe Konzentration patentierbarer FuE-Ergebnisse bei einigen wenigen multinationalen Halbleiterunternehmen.

Innerhalb dieser Unternehmensgruppe ist der Anteil der Patente, die nicht auf FuE am Heimatstandort zurückgehen an allen Patenten zwischen 1983 und 1994 leicht gestiegen: Er lag zwischen 1983 und 1986 bei 11 % und zwischen 1991 und 1994 bei 14 %. Der Anstieg deutet auf die moderat fortschreitende Internationalisierung von FuE in diesen Halbleiterunternehmen hin. Allerdings ist zu beachten, daß insbesondere in den Industriekonglomeraten die Entwicklung der Patentanteile im Ausland stark von Unternehmenszu- und -verkäufen beeinflußt wird.

Die Internationalisierung der FuE in der Halbleitertechnik wird in der Grundlagenforschung, der Prozeßentwicklung und der Produktentwicklung in unterschiedlichen Formen realisiert. Die FuE-Aktivitäten im Halbleiterbereich der Unternehmen sind überwiegend produktorientiert, allerdings entfällt ein großer Teil der FuE-Investitionen auf die Entwicklung der Prozeßtechnologie.

Einige große diversifizierte Unternehmen betreiben im Ausland Forschungszentren zur *Grundlagenforschung*, um die wichtigen technologischen Trends zu verfolgen und das Potential des Gastlandes an Wissenschaftlern zu nutzen. In Konzernforschungszentren im Ausland werden auch Grundlagen für die Halbleitertechnologie erarbeitet. Diese Forschungszentren bearbeiten verschiedene naturwissenschaftlich-technische Themen und leisten Grundlagenforschung für alle Geschäftsbereiche der Unternehmen. Sie gehören in den großen vertikal integrierten Konzernen oft zur zentralen Forschung und sind mit dem Halbleiterbereich nur über unternehmensinterne "Auftragsforschung" verbunden. Diese zentralen Forschungslabore im Ausland sind von den Unternehmen entweder "auf der grünen Wiese" errichtet worden oder aus Forschungseinheiten von akquirierten Unternehmen hervorgegangen. Beispielsweise verfügt Philips über zentrale Forschungslabore in Deutschland (Aachen/Hamburg), Frankreich (Paris), Großbritannien (London), den USA (New York, Palo Alto) und Taiwan. Siemens hat ein Forschungszentrum in den USA (Princeton) und IBM betreibt zentrale Forschungseinheiten außerhalb der USA in China (Beijing), Israel (Haifa), Japan (Tokio) und in der Schweiz (Zürich).

Der Halbleiterbereich hat in den multinationalen Unternehmen seine eigenen, vorwiegend auf die *Entwicklung von Prozessen und Produkten* orientierten FuE-Kapazitäten. Die FuE-Aktivitäten orientieren sich überwiegend auf die Produktentwicklung. Im Rahmen der Internationalisierung der Prozeßentwicklung werden die FuE-Einheiten häufig auch in den modernen Produktionsstätten (Waferfabs) im Ausland angesiedelt. Aber auch Produktentwicklungskapazitäten werden den Produktionsstandorten zugeordnet (z.B. Philips). Hierbei folgt also die Entwicklung der Produktion. Im Zuge des Aufbaus von *Joint Ventures zur gemeinsamen Produktion* betreiben die beteiligten Unternehmen oft auch gemeinsame produktionsnahe Entwicklungsaktivitäten an den Produktionsstandorten.

Aufgrund der hohen FuE-Aufwendungen für eine neue Technologie-Generation (Integrationsgrad, Waferdurchmesser) bilden Halbleiterunternehmen *strategische*

Allianzen, um die Kosten und das Risiko der Entwicklung zu teilen, die Entwicklungszeiten zu verkürzen und die verschiedenen Kompetenzen der Unternehmen zum gemeinsamen Nutzen zu verbinden. Sie führen die Forschung gemeinsam mit ausländischen Partnern in strategischen Allianzen an bestehenden Forschungsstandorten durch. So entwickelte Siemens die DRAM-Technologie in der Allianz mit IBM (16-, 64- und 256-MB-DRAM) und Toshiba (64- und 256-MB-DRAM) an den dafür am besten geeigneten FuE-Standorten von IBM in New Fishkill und Burlington in den USA. Um die Kosten für neue Forschungspilotlinien zu senken, wird versucht, sie an bestehenden modernen Produktionsstandorten in die dort vorhandene halbleiterspezifische Infrastruktur einzubinden. So wird beispielsweise erwogen, eine 12-Zoll-Pilotanlage von Siemens und Motorola in Dresden am Standort der Halbleiterfabrik von Siemens zu errichten.

Zur Produktentwicklung haben die Unternehmen im Ausland Entwicklungszentren aufgebaut, die gemeinsam mit Kunden anwendungsspezifische Bauelemente entwickeln. Diese Zentren betreuen die Kunden und sind oft eng mit Marketingeinheiten verbunden. Sie sind stark auf den jeweiligen regionalen Markt und seine Spezifika orientiert. Im weltweiten Konzernverbund spezialisieren sich diese Zentren zunehmend auf den jeweiligen führenden Markt. Ihr Ausbau ist eng an die Entwicklung des regionalen Marktes gekoppelt.

3.2 Bildung von Kompetenzzentren in Unternehmen

Im Zuge der Internationalisierung der Unternehmen wird den Tochterunternehmen im Ausland von der Konzernleitung zunehmend Verantwortung in einem Geschäftsfeld für alle Unternehmensfunktionen vom Marketing über die Produktion bis zu Forschung und Entwicklung zugeteilt. In neuen Märkten für innovative Produkte und Leistungen, die sich am Beginn des Produktlebenszyklus befinden, können Tochterunternehmen für den weltweiten Verbund dabei die Rolle des Vorreiters übernehmen. Im unmittelbaren Kontakt mit den anspruchsvollen ersten Kunden dieser neuen Produkte haben sie, falls auch die Unternehmenskompetenz für dieses Feld bei ihnen konzentriert ist, die besten Chancen, im neu entstehenden Markt zu lernen und Wettbewerbsfähigkeit zu erwerben. Da führende Märkte für ein Produktsegment immer öfter außerhalb des Heimatlandes eines Unternehmens liegen, müssen multinationale Unternehmen dort Kompetenzen konzentrieren, wenn sie "dabei sein" wollen. Im Halbleiterbereich haben die Unternehmensübernahmen für das externe Wachstum der multinationalen Unternehmen eine geringere Bedeutung als in anderen Branchen. Der Aufbau von FuE-Einheiten erfolgt vorwiegend in der Nähe von Produktions- und Vertriebsstandorten, die von den Unternehmen im Ausland "auf der grünen Wiese" errichtet wurden. Bei einigen befragten Unternehmen wurden Kompetenzzentren außerhalb des Stammlandes gebildet. Damit ging aber kaum ein Prozeß der Re-Konzentration von FuE-Potentialen einher, d.h. der Abbau von FuE-Potentialen an bestehenden Standorten zugunsten von anderen. Die

Entstehung von Kompetenzzentren im Ausland stellte sich eher als Stabilisierung und Erweiterung des FuE-Potentials in den führenden Marktregionen dar. Dies kann mit dem überdurchschnittlichen Wachstum des Halbleitermarktes zusammenhängen, das selbst bei sinkender FuE-Intensität zu wachsenden FuE-Potentialen führen kann. Die Bildung von Kompetenzzentren der multinationalen Unternehmen im Ausland ist in einem wachsenden Markt kein Nullsummenspiel der Neuverteilung von Kompetenzen, sondern kann auch Kompetenzzuwächse an verschiedenen Standorten, an denen "lead markets" entstehen, bringen.

In den untersuchten Halbleiterunternehmen gibt es sowohl im Bereich der Prozeßtechnologie als auch in den Produktbereichen Kompetenzzentren der Unternehmen, die auch als Business Center (Texas Instruments), Application Center (NEC) und Product Concept and Application Laboratories (Philips) bezeichnet werden (siehe Tab. IV.3-2).

In den produktbezogenen Kompetenzzentren werden die Kompetenzen des Unternehmens für Marketing, Entwicklung und Vertrieb einer Produktgruppe an einem Standort im führenden Markt konzentriert. In den Halbleiterunternehmen ist dabei nur selten auch die Produktionskompetenz einbezogen, da die Produktion zwar auch zunehmend im Ausland, aber an wenigen Standorten konzentriert stattfindet, die von den führenden Märkten oft weit entfernt sind. In den Waferfabs verändert sich in ihrem Lebenszyklus das dort produzierte Produktspektrum. Mit standardisierten Massenprodukten, wie z.B. DRAM-Speicher, wird eine neue Fabrik eingefahren und in den ersten Jahren ausgelastet, um in möglichst kurzer Zeit einen hohen Return-on-Investment zu erreichen. Im Laufe der Zeit kommen dann auch anwendungsspezifische Logik-Bauelemente in kleineren Stückzahlen in das Produktionsprogramm. Alle Fabriken eines Unternehmens produzieren dabei für den Weltmarkt.

In Deutschland haben ausländische Unternehmen seit Beginn der 90er Jahre in der Halbleitertechnik vor allem Kompetenzzentren für *Automotive-Elektronik, Smart-Card-Elektronik* und *Telekommunikations-Elektronik* aufgebaut. Der Kompetenzzuwachs in der Halbleiter-Produktentwicklung für diese Anwendungsbereiche geht in erster Linie darauf zurück, daß Deutschland der führende Markt oder Teil des führenden europäischen Marktes für *Automotive-Elektronik,* neben Frankreich für *Smart-Card-Elektronik* und Teil des führenden europäischen Marktes für *Telekommunikations-Elektronik* ist, was wiederum mit der Marktentwicklung für die Endprodukte und Systeme zusammenhängt, in die Elektronik eingeht.

Die deutschen Kraftwagenhersteller sind hinsichtlich der Erfüllung von Umwelt- (Benzinverbrauch, Emissionen) und Sicherheitstandards in ihren Autos führend in der Welt. Für die Telekommunikationsgeräte-Hersteller ist Europa in Teilbereichen

Tabelle IV.3-2: Kompetenzzentren für Halbleiterprodukte in ausgewählten multinationalen Unternehmen in Europa und den USA

	Philips	**Texas Instruments**	**NEC**	**Motorola**	**Mitsubishi**
	"Product Concept and Application Laboratories"	"Business Center"	"Application Center", "Competence Center"		
Großbritannien	Teletext, Digital Audio		Multimedia	(Prozeßtechnologie, u.a. Smart Cards)	(Consumer)
Deutschland	Automotive Identifikation Digitale Signalprozessoren	Mixed Signal und Logic	**European Technology Center** Automotive	**Hauptsitz für europäische FuE** Kompetenzzentrum Automotive, weitere Schwerpunkte: Telekommunikation Packaging Consumer (Set-Top-Box) Multimedia, ASIC	**European Semiconductors Headquarter** Automotive Telekommunikation
Frankreich		Application Specific Products	Smart Card	SmartPower (Telekommunikation, Automotive)	
Italien		MOS Memory			
Niederlande	TV, Telekommunikation				
USA	Multimedia Datenkommunikation Automotive	(Zentrale Forschung und Entwicklung)	Multimedia PC, Workstations Networking	(Zentrale Forschung und Entwicklung)	Computer

Quelle: Unternehmensinformationen

der führende Markt (siehe Kapitel V), wo sie Entwicklungsaktivitäten konzentrieren und hier auch mit den Vorleistungslieferanten aus der Halbleiterindustrie kooperieren. Europa ist auch bei der Anwendung von Smart Cards Schrittmacher in der Welt und zieht dadurch auch die Produktentwicklung der Halbleiterunternehmen an. In den USA haben Magnetstreifen-Karten früh eine weite Verbreitung gefunden. Dort wurde die Infrastruktur zur Nutzung dieser Karten ausgebaut und behindert nun - weil die fixen Kosten für dieses System noch nicht abgeschrieben sind (sunk costs) - die schnelle Einführung der nächsten Generation der Kartentechnik, der Smart Cards. Für Europa wird der Rückstand bei der Anwendung der Magnetkarten nun zum Vorteil, weil sich der Markt für Smart Cards ohne die Behinderung durch die alte Technik schneller entwickeln kann. Ähnliche Vorteile aus dem Fehlen einer weit verbreiteten Vorgängertechnik werden auf dem asiatischen Markt für Unterhaltungselektronik gesehen, wo neue Techniken eingeführt werden konnten, ohne daß die Abwärtskompatibilität zu alten Systemen gesichert werden mußte. Dies führte zur Verbilligung der neuen Produkte und zu ihrer schnelleren Diffusion.

Der Bereich Automotive ist für fast alle befragten Unternehmen ein Schwerpunkt ihrer Produktentwicklungsaktivitäten in Deutschland. Vor allem für diesen Markt, aber auch im Telekommunikationsbereich werden in den nächsten Jahren Entwicklungs- und Kompetenzzentren der Unternehmen weiter ausgebaut werden. Darüber hinaus gibt es aber in einzelnen Unternehmen auch Entwicklungsaktivitäten für Anwendungsbereiche, deren führende Märkte nicht in Europa liegen, so für Computer, Multimedia und die Unterhaltungselektronik. Allerdings bestehen in diesen Bereichen kaum Aussichten auf eine mittelfristig nennenswerte Erweiterung des Entwicklungspotentials. Die Entwicklungsaktivitäten im Bereich Consumer konzentrieren sich in Japan/Asien und in den Bereichen Computer, Netzwerke und Multimedia in den USA, wo die jeweils führenden Märkte sind.

Siemens und Philips entwickeln und produzieren Smart Cards in Deutschland. Philips hat dazu an seinem seit 1927 bestehenden Standort Hamburg, wo seit 1953 Dioden und Transistoren und seit 1966 IC produziert werden, Anfang der 90er Jahre das Kompetenzzentrum für Chipkarten-IC eingerichtet. Zu dem Kompetenzzentrum gehört auch die von Philips akquirierte Firma Mikron in Graz (Österreich). Die wichtigsten Gründe für die Wahl von Hamburg als Standort für das Kompetenzzentrum liegen zum einen darin, daß Deutschland Teil des führenden Marktes ist und zum anderen in der am langjährigen Unternehmensstandort Hamburg bereits vorhandenen technischen Kompetenz für Microcontroller und nichtflüchtige Speicher.

In Halbleiterunternehmen wird aber auch die Prozeßentwicklung für bestimmte Produkte an einem Produktionsstandort konzentriert und diese Entwicklungsabteilung z.T. auch als Kompetenzzentrum bezeichnet. So hat z.B. Siemens sein Kompetenzzentrum für Back-end-Prozesse für diskrete Halbleiter in Regensburg. Dort werden Verfahren zur Montage und Prüfung entwickelt und in der Pilotfertigung zur Reife geführt, um sie dann an anderen Standorten einzusetzen. In seinem neuen

Halbleiterwerk in Dresden hat Siemens das Kompetenzzentrum für den Produktionsprozeß von Logik-Bausteinen eingerichtet.

In den Interviews mit Vertretern ausländischer Unternehmen wurde der Begriff des Kompetenzzentrums überwiegend produktbezogen verwendet. Kompetenzzentren werden gegründet, um in der Nähe zu den entscheidenden Akteuren und innovativen Kunden deren spezifische Bedürfnisse besser zu erfüllen. Aufgaben eines Kompetenzzentrums sind z.B. aus der Sicht des Unternehmens NEC:

- Marktforschung,
- Teilnahme an Standardisierungsgremien,
- Produktspezifizierung,
- Hardware- und Softwaredesign sowie
- Marketing und Vertriebsunterstützung.

Der Begriff "Kompetenzzentrum" schließt produktbezogen immer die Konzentration von Marketing- und Entwicklungsaktivitäten für bestimmte Produkte und den regionalen Markt (Triaderegion) oder den Weltmarkt ein, kann aber auch die Vertriebsunterstützung und die Produktionskompetenz umfassen. Hauptkriterien der Zuweisung von Kompetenzen an Tochterunternehmen im Ausland sind zum einen der Standort im führenden Markt und zum anderen das Wissen und die Erfahrungen des Tochterunternehmens über den Markt und die Technik. Sowohl vorhandene technische Kompetenz als auch Marketingkompetenz am Standort können der Ausgangspunkt für die Einrichtung eines Kompetenzzentrums sein.

Zwischen Vorleistungslieferanten (Halbleiter-Hersteller) und Systemherstellern (z.B. Telekommunikationsgeräte-Hersteller, Automobilzulieferer, Automobilhersteller) entstehen in einem führenden Markt Kooperationsbeziehungen, die Wissensübertragungen einschließen und sich so stabilisieren. Eine andere Frage ist aber, wie die Bildung von Kompetenzzentren in den Unternehmen mit der Entstehung und dem Ausbau von regionalen Innovationsclustern/ bzw. Agglomerationen zusammenhängt (siehe Kapitel IV.3.4).

3.3 Faktoren der Standortwahl von FuE

Bei der Untersuchung der Standortwahl für neue FuE-Standorte in multinationalen Unternehmen ist auch in der Halbleitertechnologie zu unterscheiden zwischen den FuE-Funktionen: grundlegende Forschung, Entwicklung der Prozeßtechnologie und Entwicklung der Produkte. Im Mittelpunkt der Interviews in den ausländischen Unternehmen stand die Produktentwicklung, die bereits am weitesten internationalisiert ist:

- *Zentrale (Grundlagen-) Forschungszentren:* Forschungzentren mit Aufgaben der Grundlagenforschung, wie sie z.B. Philips, Siemens und IBM auch im Ausland unterhalten, werden dann errichtet, wenn die technologischen Trends in wichtigen Märkten erkundet und dort auf *das technologische Potential der Universitäten und Forschungseinrichtungen sowie auf das Potential an Forschern* zurückgegriffen werden soll.
- *Entwicklung der Prozeßtechnologie:* Neue Standorte für die Entwicklung der Prozeßtechnologie entstehen an einigen Produktionsstandorten (Waferfabs), wenn dort eine technologiespezifische Forschungs- und Bildungsinfrastruktur vorhanden ist, die die Produktionsstandorte auch für FuE attraktiv macht. Nicht zu unterschätzen sind dabei auch die weichen Standortfaktoren. Die Lebensbedingungen am Ort müssen geeignet sein, führende Ingenieure und Wissenschaftler anzuziehen.[6]
- *Entwicklung von Produkten:* Neue Produkte werden vorwiegend in den neuen führenden Märkten entwickelt. Ein führender Markt zeichnet sich dadurch aus, daß
  - hier die anpruchsvollen und kritischen Kunden konzentriert sind,
  - eine bestimmte Schwelle des Marktvolumens erreicht ist, die den Markt für multinationale Unternehmen attraktiv macht und
  - ein überdurchschnittliches Marktwachstum zunächst im regionalen Markt, später aber auch für den Weltmarkt zu erwarten ist.

Im Halbleiterbereich zeigen sich dabei sowohl längerfristig relativ stabile führende Märkte, so der Computermarkt in den USA und der Markt der Unterhaltungselektronik in Asien, wie auch neue dynamische Marktsegmente, wie Netzwerke, Datenkommunikation in den USA, Automotive in Deutschland und Smart Cards in Frankreich und Deutschland. In der Produktentwicklung nimmt die Bedeutung der Nähe zu den innovativen, anspruchsvollen Kunden zu, was bei den multinationalen Unternehmen zur Herausbildung von Kompetenzzentren zur Produktentwicklung auch im Ausland führt.

Ein *notwendiger* Standortfaktor ist die Ausstattung mit Humankapital. Für die Produkt- und Prozeßentwicklung heißt das, die Verfügbarkeit von jungen hochqualifizierten Ingenieuren für das Produktdesign, die Hardware-, Software- und Fertigungsprozeßentwicklung.

Daneben gibt es *begünstigende* Standortfaktoren, die, wenn die spezifischen Faktoren (Marktnähe für die Produktentwicklung, Produktionsnähe für die Prozeßentwicklung) und der notwendige Faktor (Ausstattung mit Humankapital) gegeben

6 Vgl. Belitz, Edler (1997).

sind, Einfluß auf die kleinräumigere Standortwahl haben. Solche begünstigenden Faktoren sind:

- am Ort bereits vorhandene Unternehmensstandorte für Marketing, Logistik, Produktion und/oder FuE,
- ausgebaute Verkehrsinfrastruktur (Flughafen mit Direktverbindung in die Zentren der Triaderegionen, Autobahnanbindung),
- ein unternehmensfreundliches politisches Umfeld (Genehmigungsverfahren, Ausbau der Infrastruktur),
- Nähe zu Forschungs- und Bildungseinrichtungen und
- weiche Standortfaktoren (gute Lebensbedingungen für qualifiziertes Personal).

3.4 Herausbildung regionaler Innovationscluster

Aus der Regional- und Innovationsforschung ist bekannt, daß sich technologische Potentiale regional konzentrieren und in den Agglomerationen lokale externe Effekte auftreten, da die räumliche Nähe der unterschiedlichen Akteure bei der Entwicklung neuer Technologien (Universitäten, Forschungseinrichtungen, Unternehmen, Banken, Zulassungsbehörden, Standardisierungsgremien) einen intensiveren lokalen Wissenstransfer zwischen ihnen ermöglicht als mit räumlich entfernten Akteuren. Die Herausbildung von FuE-Zentren und Kompetenzzentren multinationaler Unternehmen für Produktgruppen auch im Ausland, führte zu der Vermutung, daß multinationale Unternehmen bei der Auswahl der FuE-Standorte besonders von solchen technologischen Agglomerationen angezogen werden. Wenn diese "Angebotsbedingungen" in der vorhandenen Forschungs- und Technologieinfrastruktur entscheidend für die Standortwahl wären, müßten sich weltweit wenige sogenannte "regionale Kompetenzzentren" herausbilden, an denen sich das technologische Potential der Unternehmen für bestimmte Technologien konzentriert. Die Untersuchungen der Einflußfaktoren auf die Standortwahl bei der Errichtung von FuE-Einheiten für die Produktentwicklung in der Halbleitertechnik hat jedoch zusätzlich gezeigt, daß der entscheidende Faktor die Nähe zu führenden Kunden in der Region des "lead market" ist. In der Prozeßentwicklung ist in ausländischen Unternehmen die Nähe zur Produktion entscheidend.

In Deutschland wird von Halbeiterunternehmen an fast allen Standorten von Waferfabs sowie von Marketing- und Vertriebseinheiten, die über das Land verteilt sind, Produkt- und/ oder Prozeßentwicklung durchgeführt (Tab. IV.3-3). Eine relative Konzentration besteht in Süddeutschland zum einen im Raum München, wo sich ursprünglich nur die FuE-Zentrale des Halbleiterbereiches von Siemens befand und US-amerikanische und später asiatische Unternehmen folgten, und zum anderen im Raum Stuttgart, wo sich weitere (ursprünglich) deutsche Halbleiterunternehmen konzentrieren. In Dresden wurde der Neubeginn im Halbleiterbereich nach der Vereinigung auf der Grundlage des dort in der DDR bestehenden Forschungspotentials für Mikroelektronik von der Standortwahl des Unternehmens Siemens eingeleitet, gefolgt vom US-amerikanischen Unternehmen AMD, das dort auch ein FuE-Zentrum plant.

Tabelle IV.3-3: Regionale Verteilung der FuE-Standorte in Deutschland

Region	**FuE im Zusammenhang mit Produktion und z.T. Marketing und Vertrieb**	**FuE ohne Produktion, im Zusammenhang mit Marketing und Vertrieb**
Raum München	Siemens, Texas Instruments, Hitachi	Motorola, National Semiconductor, [im Aufbau: Samsung]
Raum Stuttgart	IBM-Philips, Intermetall, Temic/Daimler Benz, Bosch	
Raum Aachen, Düsseldorf	Mitsubishi	NEC, LG Semicon
Raum Hamburg	Philips, Temic	
Dresden	ZMD, Siemens, [im Aufbau: AMD]	
Braunschweig	Toshiba	
Erfurt	Thesys/AMS	
Frankfurt/Main		Fujitsu, Daimler Benz

Die Nähe zu Kunden der Abnehmerindustrien, aber auch zu Kooperationspartnern und Forschungseinrichtungen ist in Deutschland in allen industriellen Agglomerationen gegeben, denn innerhalb des Landes sind diese regionalen Zentren verkehrlich gut verbunden und innerhalb eines Tages zu erreichen. So zeigt sich in Deutschland, daß ausländische Unternehmen bei ihrer Standortwahl für FuE zwar diese industriellen und technologischen Agglomerationen wählen, sich dabei aber kein singuläres Zentrum der Halbleitertechnologie herausgebildet hat. Dies steht in Übereinstimmung mit den Aussagen der Unternehmensvertreter zur Standortwahl: Im führenden Markt werden Standorte gewählt, an denen die notwendigen und begünstigenden Faktoren zusammentreffen. Da dies in Deutschland in allen Agglomerationen der Fall ist, entscheiden im Einzelfall der kleinräumigen Standortwahl oft spezifische Anforderungen des Unternehmens, die nicht verallgemeinerbar sind. Bei Unternehmen mit bestehenden Standorten in Deutschland werden diese meist bevorzugt, weil das neu entstehende FuE-Zentrum die vorhandene Infrastruktur des Unternehmens und die Kontakte zum lokalen Umfeld nutzen kann. Daraus ergibt sich auch für die kleinräumigere Standortwahl in den Märkten, daß die *FuE der multinationalen Unternehmen dem Marketing und Vertrieb sowie der Produktion folgt.*

Neue Produktionsstandorte in der Halbleiterindustrie entstehen in Europa und in den USA vorwiegend in strukturschwachen Regionen, wenn dort Investitionsförderung und Humankapitalangebot zusammentreffen. Diese neuen Produktionsstandorte bieten auch die Chance zur Ansiedlung von FuE. Am Beispiel von Austin/ Texas in den USA konnte gezeigt werden, daß sich eine zunächst strukturschwache Region durch die Ansiedlung von Produktionsstätten von Großunternehmen und die Förderung der lokalen Forschungs- und Technologieinfrastruktur einschließlich der Ausbildungsstätten für Personal in Forschung, Entwicklung und Produktion längerfristig zu einem führenden Innovationscluster in der Halbleitertechnologie (vor allem in der Prozeßtechnologie) in den USA herausgebildet hat.[7]

In den USA gibt es mehrere regionale Zentren der Halbleitertechnologie, an denen auch ausländische Unternehmen Entwicklungszentren aufgebaut haben. Die größte Anziehungskraft hat nach wie vor das Silicon Valley, wo fast alle untersuchten Unternehmen FuE-Einheiten etabliert haben. Nach einer Untersuchung von Forschungszentren ausländischer Unternehmen in den USA im Jahr 1995 befanden sich 19 von insgesamt 34 Forschungszentren für Elektronik in Kalifornien.[8] Eine Analyse der Motive der Durchführung von FuE von ausländischen Unternehmen in den USA ergab für den Bereich Elektronik (Computerhardware und Software, Telekommunikation, Audio-Video-Geräte, Meßtechnik und Halbleiter) als wichtigste Gründe:

- Zugriff zu technischen Talenten/ Humankapital und
- Anpassung von Produkten an den Markt in den USA.[9]

Damit besteht ein deutlicher Unterschied zum Bereich Biotechnologie/ Pharmazeutik, wo wissenschaftsbezogene Gründe, wie der Zugriff zu technischen Talenten, der Aufbau von Verbindungen zur Wissenschaftlergemeinschaft in den USA und die Entwicklung von neuen wissenschaftlichen und technologischen Ergebnissen bestimmend für das Engagement in den USA sind. In den USA ist Silicon Valley das wichtigste regionale Zentrum für die Entwicklung neuer Produkte im Bereich der Elektronik, der Computertechnik und damit zusammenhängender Techniken (Netzwerke, Multimedia) sowie der Software.[10]

---

7 Vgl. Belitz, Edler (1997).

8 Vgl. Dalton, Serapio (1995).

9 Vgl. Florida (1997).

10 So hat z.B. Philips seit 1992 Entwicklungszentren für drei Geschäftseinheiten, die sich alle mit der Entwicklung von Produkten rund um den Personalcomputer beschäftigen im Silicon Valley

In Großbritannien sind FuE-Einheiten multinationaler Halbleiterunternehmen vorwiegend im Großraum London und in der Umgebung von Cambridge, in Frankreich in der Region Paris angesiedelt. Weitere Standorte befinden sich in Italien und den Niederlanden. Dabei lassen sich aber anhand der Standorte der untersuchten multinationalen Unternehmen in Europa keine besonderen regionalen Konzentrationen von technologischen Potentialen in der Halbleitertechnologie erkennen. Die relativ kleinen Entwicklungseinheiten der Unternehmen sind oft in der Nähe bestehender Unternehmensstandorte in den bekannten industriellen und technologischen Agglomerationen der Länder angesiedelt. Dies zeigt auch, daß die Bereitstellung einer öffentlich geförderten FuE-Infrastruktur nicht ausreicht, um die Ansiedlung von FuE-Zentren ausländischer Unternehmen zu erreichen.

3.5 Attraktivität des FuE-Standorts Deutschland

Deutschland ist nach Aussage von Unternehmensvertretern der führende FuE-Standort in der Entwicklung der Halbleitertechnologie in Europa. Dies bestätigt auch die Patentanalyse. Mit knapp 9 % entfallen die meisten der in der Periode 1991-1994 am EPA erteilten Patente auf Deutschland, gefolgt von Frankreich mit gut 5 %, den Niederlanden mit fast 3 % sowie Italien und Großbritannien mit jeweils gut 2%. Der Anteil Deutschlands an den Patenten ist damit größer als der Anteil am Weltmarkt für Halbleiter (6 %). Von den befragten Unternehmen haben Motorola, Mitsubishi und NEC ihre europäischen Technologiezentren für die Halbleitertechnologie in Deutschland. Alle befragten Unternehmen wollen den Bestand an FuE-Personal mindestens erhalten, einige - vor allem die, die erst in jüngster Zeit in Deutschland Entwicklungszentren gegründet haben - werden ihn erweitern.

Die Attraktivität des Entwicklungsstandortes Deutschland wird vor allem in folgenden Faktoren gesehen:

- Lead-market-Funktionen:
  - Deutschland ist der oder ein Teil des europäischen lead markets in wichtigen Anwendungsfeldern der Halbleitertechnik, wie Automotive, Telekommunikation und Smart Cards.

---

angesiedelt: Mobile Computer, Kommunikationstechnik und Multimedia. Dort werden in Zusammenarbeit mit Partnerfirmen neue Produkte entwickelt. Philips sieht es als seine bevorzugte Rolle an, Entwicklungen aus dem Tal für den Normalkunden marktreif zu machen und in Großserie zu produzieren. Die Gründe für die Standortwahl im führenden Markt werden vom Management so beschrieben: "Erstens gibt es hier Ideen, von denen man nirgendwo sonst auf der Welt hört, zweitens sitzen die möglichen Partner auf engstem Raum zusammen, und drittens läuft die Umsetzung in Produkte hier in wahnsinniger Geschwindigkeit." (vgl. Transfusionen aus dem Herzen der Computerwelt. Süddeutsche Zeitung 16. 9. 1997).

- Humankapital:
  - Deutschland verfügt über ein großes Potential qualifizierter, motivierter Ingenieure, die sich loyal auch zu ausländischen Unternehmen verhalten.
- Leistungsfähige Forschungsinfrastruktur.
- Produktionsstandort:
  - In Deutschland produzieren auch ausländische Unternehmen Halbleiterbauelemente. Investitionen fließen sowohl in bestehende wie in neue Waferfabs. Das Land wird als ein moderner Produktionsstandort für Halbleiter in Europa angesehen.

Nachteile sehen einige Unternehmen darin, daß die Beschäftigung von Ingenieuren aus Nicht-EU-Ländern in Deutschland behindert sei. Als im Vergleich zu anderen Standorten nachteilig wird zudem die restriktive Arbeitszeitregulierung im Entwicklungsbereich angesehen. Die Begrenzung der täglichen Arbeitszeit sei gerade im Entwicklungsbereich oft produktivitätshemmend und auch von den Ingenieuren nicht gewünscht. Beklagt wurde auch die relativ geringe Bereitschaft von Mitarbeitern zum Auslandseinsatz und geringe Sprachkenntnisse, andere Interviewpartner lobten hingegen Einsatzbereitschaft und Mobilität junger Ingenieure in Deutschland. Wichtiger wird also im Zuge der zunehmenden Internationalisierung, daß das Bildungssystem die Studierenden auf den Einsatz in multinationalen Unternehmen vorbereitet. Da die befragten Gesprächspartner überwiegend in der Produktentwicklung tätig sind, ist es nicht verwunderlich, daß die Mehrheit der staatlichen Forschungsförderung keine besondere Bedeutung als Standortvorteil beigemessen hat. Von einigen wurde aber der hohe bürokratische Aufwand der staatlichen Projektförderung kritisiert. Staatliche Forschungsprogramme seien oft mit den Entwicklungszielen der Unternehmen schwer zu vereinbaren. Deshalb wurde in Einzelfällen auch von der bewußten Abkehr von der Nutzung der Förderung in Unternehmen gesprochen, deren finanzieller Nutzen von dem zusätzlichen Organisationsaufwand deutlich verringert würde. Eine positive Wirkung der Teilnahme an Verbund-Forschungsprojekten in Deutschland und der EU wurde im Kennenlernen und Testen von potentiellen Kooperationspartnern (Unternehmen, Forschungseinrichtungen, Universitäten) gesehen. Zum Teil wurde Kritik an der Kooperationsfähigkeit der Universitäten geübt, die u.a. Probleme bei der termingerechten Organisation und Abwicklung gemeinsamer Projekte hätten. Gewünscht wurde, daß Universitäten den Unternehmen mehr kostengünstige Weiterbildungsmöglichkeiten anbieten.

Positiv werteten viele Unternehmen die Möglichkeit, Praktikanten und Diplomanden in Entwicklungsprojekten einzusetzen und so auch potentielle künftige Mitarbeiter zu gewinnen. Gegenwärtig sei es zwar in Deutschland nicht schwer, qualifizierte junge Ingenieure und Softwareentwickler einzustellen, der Rückgang der Studienanfänger in technischen Disziplinen könne aber in der Zukunft problematisch für den FuE-Standort sein. Angeregt wurde auch eine stärkere regionale Konzentration der Forschungsinvestitionen, z.B. für Reinräume, deren Investitionskosten steigen. Ein Ergebnis der Gespräche in ausländischen Unternehmen war auch, daß diese sich bei der Vergabe staatlicher Forschungsgelder in der Bundesrepublik nicht diskriminiert sahen, allerdings der Förderung - wie schon erwähnt - auch keinen herausragenden Stellenwert beimaßen.

V. Internationalisierung technologischer Kompetenzen in der Telekommunikationstechnik

(Marian Beise)

1. Markt und Technikentwicklung

Die Telekommunikationstechnik unterscheidet sich in mehreren Aspekten von anderen Technologien, so daß sich die Internationalisierung dort anders gestaltet. Vor allem hat die staatliche Regulierung über den gesamten historischen Verlauf einen prägenden Einfluß auf die Internationalisierung. Im ersten Teil dieser Technikfallstudie sollen deshalb die wichtigsten Besonderheiten der Telekommunikationsindustrie kurz eingeführt werden, um anschließend die Relevanz hinsichtlich der Einflüsse auf die Internationalisierung und die Standortverteilung der FuE-Aktivitäten der untersuchten Unternehmen zu analysieren. Zunächst werden Technikentwicklung, die Bedeutung von Standards und das Wechselspiel von Regulierung und Internationalisierung vorgestellt, die für die spätere Analyse zu beachten sind.

1.1 Telekommunikationstechnik: Ein Überblick

Die Telekommunikationstechnik - sie wird hier synonym zur Nachrichtentechnik gebraucht - entstand Mitte des vorigen Jahrhunderts mit der Entwicklung des Telegraphen und etwas später des Telefons. In den folgenden 100 Jahren erfolgte vor allem die Ausweitung der Sprachübermittlungsnetze, ohne daß die technische Weiterentwicklungen für den Nutzer spürbar war. Die Telekommunikation ist damit in vielen Bereichen zwar eine reife Technologie, sie weist aber weiterhin durch Volumenwachstum und Prozeßinnovationen, also den Aufbau neuer oder die Erneuerung alter Netze, hohe Wachstumsraten auf, die den Geräteherstellern genügend Anreiz für hohe FuE-Ausgaben liefert. Erst in den letzten zwanzig Jahren brachte die Telekommunikation mit dem Fax, dem Mobiltelefon und dem Internet radikale Innovationen hervor. Die Verzahnung von technischer Entwicklung und neuen Dienstleistungen ist seit einigen Jahren zu einer neuen Wachstumsquelle der Telekommunikation geworden. Eine weitere Wachstumsquelle resultiert aus der Konvergenz von Informations- und Kommunikationstechnik. Mit dem intensiven Einsatz der Computertechnik in den Unternehmen nimmt die Datenübertragung einen zunehmend größeren Anteil an der Telekommunikation ein, Telekommunikations- und Informationstechnik beginnen zu verschmelzen.[1] Aus der durch die technische Entwicklung resultierenden Evolution der Nutzungsmöglichkeiten wird eine andere Industrien weit übersteigende Innovationsintensität für die nächsten Jahrzehnte er-

---

1 Wegen dieser Technikkonvergenz wird häufig auch zusammenfassend von Informations- und Kommunikationstechnik (IuK) gesprochen.

wartet (vgl. Cairncross 1997). Die IuK-Technologien werden damit sogar als Basis der z.T. im Anbruch stehenden fünften langen Konjunkturwelle, dem sogenannten Kondratieff-Zylus angesehen (vgl. Hall und Preston 1988, 33). Auf den ersten Blick hat sich allerdings nach mehrfachen Integrationsbemühungen in den 80er Jahren die Konvergenz der Technologien innerhalb der großen Telekommunikations- auf der einen und den Computerherstellern auf der anderen Seite nicht durchgesetzt. Eine hohe vertikale Integration hat sich als zu starr gegenüber dem schnellen Wandel von Technik und Markt erwiesen[2], so daß sie in den Unternehmen zumindest wieder entkoppelt wurde: Die Wertschöpfungskette der IuK-Technik (Bauelement - Systemarchitektur - Applikation - Software) wird heutzutage in Geschäftsfeldern unterteilt, die am Markt selbständig agieren und sich auch externe Partner wählen können. Denn Innovationen sind heute nicht mehr als Gesamtsystem möglich, das sich nicht an die bestehende oder von anderen Unternehmen entwickelte Infrastruktur ankoppelt. Erfolgreiche Innovationen treten an den Grenzflächen der Wertschöpfungskette auf. Diese Innovationen werden von schnittstellenoffenen Unternehmen umgesetzt, deren Wertschöpfungskette nicht nur innerhalb aufeinander abgestellt ist, sondern auch die Kompatibilität zu anderen Systemelementen sicherstellt.

Zur Analyse der Internationalisierungsprozesse multinationaler Unternehmen soll die Telekommunikationstechnik hier nicht rein technisch abgegrenzt, sondern unternehmens- bzw. marktnah beschrieben werden. So wird bei den Herstellern von Telekommunikationsgeräten meist der private und der öffentliche Kommunikationsbereich separat geführt. Dies geschieht in erster Linie, weil die Kunden unterschiedliche Vertriebs- und Marketingstrukturen erfordern. Der öffentliche Bereich umfaßt dabei die Komponenten der Kommunikationsnetze, die für Privatkunden offen sind, und zwar auch die - seit der Liberalisierung - privatwirtschaftlich geführten Netze. Die Kunden der Unternehmen sind dabei die (bisher staatlichen, nunmehr mehrheitlich privaten) Fernmeldeunternehmen (PTO). Der private Bereich umfaßt mittlere und kleine Netze, Nebenstellenanlagen (PABX) und Datennetze (LAN, WAN), die innerhalb von Unternehmen eingesetzt werden. Die Endgeräte (Telefone, Faxgeräte) werden entweder dem privaten oder dem Konsumelektronikbereich zugeordnet, weil - wiederum seit der Deregulierung - zunehmend der private Kunde bzw. Endverbraucher angesprochen wird. Separat geführt wird in der Regel der Bereich der Militärkommunikation (z.B. Radar), auf den in dieser Studie nicht weiter eingegangen wird, da er für die Internationalisierung nicht von Bedeutung ist.

---

2 So hat AT&T, eine amerikanische Telefongesellschaft, die auch den größten Gerätehersteller umfaßt, den in den 80er Jahren übernommenen Computerhersteller NCR 1995 wieder abgespalten und auch Netzbetreiber und Gerätehersteller in zwei unabhängige Unternehmen getrennt. Auch der größte Computerhersteller IBM hat die durch die Übernahme des Telefonherstellers Rolm verfolgte Integration der Telekommunikation z.T. wieder zurückgenommen. Rolm gehört heute zur Telekommunikationssparte des Siemenskonzerns. Allein der japanische Computerhersteller NEC verfolgt weiterhin eine intensive Integrationspolitik, vor allem in der FuE.

Für einen guten Überblick der aktuellen technischen Entwicklung läßt sich die moderne Telekommunikation in acht Bereiche einteilen, die bei den großen Telekommunikationsgeräteherstellern häufig auch in Geschäftseinheiten zusammengefaßt werden:

- **Leitungsgebundene Übertragung** ist die traditionelle Telefon und Datenübertragung im öffentlichen Netz. Es wird zwischen schmalbandiger und breitbandiger Übertragung unterschieden: das am weitesten in Deutschland verbreitete ISDN ist eine schmalbandige Lösung gleichzeitiger Sprach- und Datenübertragung; komplexere Daten, z.B. Videokonferenzen, benötigen dagegen hohe Übertragungsraten bzw. Bandbreiten, die erst durch neue Techniken wie SDH, ATM oder ADSL ermöglicht werden (Stichwort "Daten-Highway") und heute in vielen Ländern im Aufbau begriffen sind. Die Übertragungshierarchie korrespondiert mit der

- **Vermittlung**, die die Übertragungswege und die Leitungen zu den Endkunden heute in der Regel durch digitale Systeme verknüpft. Wegen der hohen Entwicklungskosten für ein System hat sich ein weltweites Oligopol weniger Hersteller gebildet. Die weltweit erfolgreichsten Systeme sind EWSD von Siemens, AXE von Ericsson und S12 von Alcatel.

- **Zugangs-Technik** ermöglicht den einzelnen Endkunden (subscriber) den Zugang zum öffentlichen Kernnetz (backbone network) oder zum Internet. Dies ist durch den Eintritt neuer Netzbetreiber ein stark expandierender und innovativer Bereich, in dem völlig neue und flexible Lösungen für die "letzte Meile" (local loop) zum Kunden gesucht werden, da hier über die Hälfte der Kosten für den Aufbau eines vollständigen Telekommunikationsnetzwerks entfallen. Derzeit werden alternative Lösungen erprobt, z.B. durch Funkübertragung (wireless-local-loop WLL), die entwickelt wurden im Bereich der

- **Funktechnik und Mobilkommunikation,** welcher der durch den intensiven Wettbewerb und den Aufbau neuer Mobilfunknetze in Cellulartechnik am stärksten wachsende Bereich der Telekommunikation ist. Hier hat sich vor allem der europäische digitale GSM-Standard in vielen Ländern durchgesetzt. Mittlerweile wird in Europa an der 3. Mobilfunkgeneration, der UMTS (Universal Mobil Telecommunication System) gearbeitet. Mittlerweile sind die in den USA entwikkelte CDMA-Technik und das japanische PHS erfolgreiche Konkurrenten im asiatischen und US-amerikanischen Markt.

- **TV- und Radioübertragung** ist ein bisher separater Bereich der Telekommunikation, der sich aber mit den Anwendungen von Multimedia besonders dynamisch entwickelt. Nach den traditionellen PAL und SECAM-System sind das Hochauflösende Fernsehen (HDTV), die Digitalisierung von Radio und Fernsehen (DAB und DVB), das Internet und das interaktive Fernsehen die aktuellen Entwicklungspfade. Hier prägen die Fernseh- und Radioanstalten (Contentprovider) bestimmend die Marktübersetzung technischer Entwicklungen, z.B. Kirch beim digitalen Fernsehen in Deutschland.

- **Endgeräte** wie Telefongeräte, Schnurlostelefone, Mobilfunkgeräte und Faximiliergeräte werden nicht nur von den großen Telekommunikationsherstellern, sondern auch von einer Vielzahl großer Elektrokonzerne und kleiner Anbieter entwickelt. Vor allem mit Mobilfunktelefonen konnten einige Unternehmen ein hohes Umsatz- und Gewinnwachstum erreichen. Inzwischen hat allerdings ein intensiver Preiswettbewerb eingesetzt, da mittlerweile sehr viele Anbieter in diesen Markt eingetreten sind. Mit der Liberalisierung hat sich der Kundenkreis der Endgerätehersteller stark von den Netzbetreibern, die die Geräte an ihre Kunden vermietet haben, zu den Endverbrauchern hin verschoben.
- **Telekommunikationskabel** werden zwar von vielen Telekommunikationsherstellern produziert, der Bereich ist aber in der Kabelindustrie angesiedelt und wird organisatorisch im Konzern meist separat geführt. Im Bereich der Leitung zum Endkunden werden noch immer überwiegend Kupferkabel eingesetzt, während Glasfaserkabel mittlerweile intensiv im Kernnetzwerk eingesetzt werden, da sie hohe Übertragungsraten ermöglichen. Kabel werden im folgenden nicht weiter betrachtet, weil hier die technische Dynamik und die Bedeutung für die Internationalisierung von FuE eher gering ist. Auch die
- **Satelliten- und Militärkommunikation**, die der Luft- und Raumfahrzeugindustrie oder der Verteidigungselektronik zugeordnet wird, ist nicht Gegenstand dieser Untersuchung.

Eine wesentliche Verschiebung bei den FuE-Aktivitäten in der Nachrichtentechnik ist mit dem Einzug der elektronischen Datenverarbeitung und der Digitalisierung eingetreten: Zwei Drittel der Wertschöpfung in der Nachrichtentechnik entfallen mittlerweile auf die Software. Netzwerkmanagement, die Steuerung, Instandhaltung und Anpassung an neue Nachfrageentwicklungen, also die marktseitige Innovationstätigkeit, basieren überwiegend auf Software. Die Software wird gar zur entscheidenden Komponente im Wettbewerb, denn die sogenannten "intelligenten Netzwerke" ermöglichen neue Dienstleistungen, die über die einfache Sprachübermittlung hinausgehen und mit denen die neuen Netzanbieter einen Vorteil gegenüber den etablierten gewinnen können. Beispiele für neue Dienstleistungen sind gebührenfreie Telefonnummern, virtuelle private Netze im öffentlichen Netz und Dienste in Verbindung mit Multimediaanwendungen.

1.2 No Standard - No Product

Wie der kurze Techniküberblick bereits andeutete, findet der Wettbewerb nicht nur zwischen den Herstellern von Telekommunikationstechnik statt, sondern auch zwischen Technikkonfigurationen, Systemarchitekturen und Übertragungsprotokollen. Oft erklärt die Durchsetzung von Standards, eine von vielen Anwendern und Herstellern genutzte Technikkonfiguration, den Markterfolg oder Mißerfolg von Unternehmen. Da in der Nachrichtentechnik Kunden in einem Netzwerk verbunden werden, sind Standards zum einheitlichen Senden und Empfangen innerhalb dieses Netzwerkes notwendig. National wurde die Standardisierung durch die Postmonopole erreicht, die in der Regel nationale Standards gesetzt haben. Weltweit bemühen sich die Organisation der Netzbetreiber (ITU) und andere Normierungsbehörden (ISO, ETSI) um die internationale Anerkennung einheitlicher Standards. Neben diesen *de jure* Standards können Techniken auch von einem Markt *de facto* gesetzt werden, wenn mehrere Systeme konkurrieren und sich eines schließlich durch den mit einem steigenden Marktanteil verbundenen zunehmenden Nutzenertrag durchsetzt. Es wirkt eine Netzwerkökonomie: der Nutzen eines Kommunikationsgeräts nimmt mit der Anzahl der Nutzer zu; ein einzelnes Produkt ist ohne weitere Marktadaptionen nutzlos. Wohlfahrtstheoretisch kann durch diesen Mechanismus entweder ein zu schnelles Adaptieren oder zu langsame Diffusion auftreten. Ein Standard wird zu schnell gesetzt, wenn es einem später im Markt eingeführten System unterlegen (inferior) ist. Wenn allerdings viele mögliche Nutzer zunächst abwarten, welche auf dem Markt konkurrierende Technikvariante sich durchsetzt, kann der Prozeß der Standardisierung zu lange dauern (siehe hierzu Tirole 1988, 404 ff.). Auch über die Wirkung von Standards und der Art der Standardisierung auf den technischen Fortschritt gibt es unterschiedliche Hypothesen. Die Innovationsintensität kann einerseits durch das frühe Setzen eines Standards gedämpft werden, weil alternative Lösungen ausgeschlossen werden, andererseits geben Standards Sicherheit für die Produzenten und die Nutzer, daß eine neue Technik auch breit eingesetzt wird, sie beschleunigen die Diffusion und die Anreize für FuE in diesem Bereich.

Während die Europäer mit der Etablierung der Standardisierungsbehörde ETSI einen Vorteil Europas beim frühzeitigen Setzen von Standards - die die nötigen Größenvorteile schaffen, um sich international vor allem gegenüber den USA durchsetzen zu können - sehen, setzt die US-amerikanische Regulierungsbehörde FCC auf die Marktkräfte. Es soll hierbei so weit wie möglich dem Markt überlassen bleiben, unter Alternativen eine technisch optimale und den Nachfragepräferenzen am besten entsprechende Techniklösung zu finden (siehe z.B. Rosston, Steinberg 1997, Farrell 1997). Bei der Marktlösung spielen Hersteller- oder Nutzer-Gremien oder Foren und strategische Allianzen eine wichtige Rolle. Da ein Alleingang eines einzelnen Unternehmens mit großen Risiken verbunden ist, weil sich letztlich nur eine Technik als Standard durchsetzen wird, schließen sich große Unternehmen zusammen, um gemeinsam einen Standard zu vereinbaren. Bei den erfolgreichen Standards GSM, ATM, Internetprotokoll und DAB haben Foren eine bedeutende Rolle gespielt. Durch die Verquickung von politischen und unternehmerischen Interessen existieren allerdings zwischen den Triadeblöcken weiterhin vielfach unterschiedliche Standards.

1.3 Der Markt für Telekommunikation

Der Markt für Telekommunikation (ohne TV- und Radioübertragung) hat 1997 nach jährlichen Wachstumsraten von durchschnittlich 7 % ein weltweites Gesamtvolumen von ca. 1,1 Billionen DM erreicht (vgl. EITO 1997; Abb. V.1-1). Hierbei machen die Telekommunikationsdienste 84 % und die Telekommunikationsgeräte nur 16 % aus. Bei den Telekommunikationsgeräten entfallen in Westeuropa fast 20 % auf die Vermittlung, 15 % auf die Übertragung, 10 % auf die Mobilfunkinfrastruktur, 28 % auf Festnetz- und Mobilfunk-Endgeräte und der Rest auf private Netze. Das Wachstum des Telekommunikationsgerätemarktes ging in den 90er Jahren allerdings nur vom Mobilfunk aus. Die Anzahl der Nutzer der Cellularnetze wächst in den 90er Jahren in allen Ländern mit etwa gleichen zweistelligen Wachstumsraten, in Schweden, Dänemark, Großbritannien und Japan allerdings schon seit Anfang der 80er Jahre. Der Festnetzbereich hat sich vor der vollständigen Liberalisierung der Märkte im Jahr 1998 durch die zurückgehenden Investitionen der öffentlichen Netzbetreiber zum schrumpfenden Markt in Europa entwickelt, in Deutschland vor allem durch die vorgezogenen hohen Investitionen der Telekom in den Jahren 1990-1992.

Abbildung V.1-1: Entwicklung der Investitionen für öffentliche Netze 1981-1995

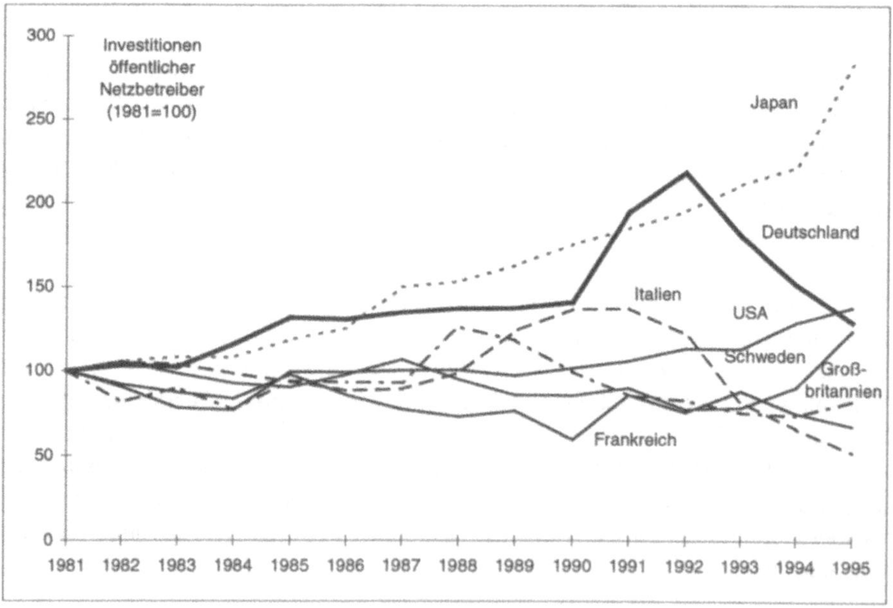

Quelle: OECD (1997a), eigene Berechnungen.

Mit etwa 30 % ist Westeuropa der größte Teil des weltweiten Telekommunikationsmarktes, vor den USA mit 27 % und Japan mit 13 %. Der Anteil der restlichen Länder, vor allem Asiens, nimmt indes zu. Durch den Aufbau der Telekommunikationsinfrastruktur ist China für einige europäische Hersteller schon der zweitgrößte Markt geworden. Innerhalb Europas entfällt auf Deutschland knapp ein Viertel des Marktes, vor Frankreich mit 16 % und Großbritannien mit 14 %. Im Mobilbereich ist der Markt durch die unterschiedliche nationale Deregulierung anders verteilt. Anfang der 80er Jahre verfügten Schweden, Dänemark und Japan über das größte Kundennetz. Im Jahr 1995 lebten fast die Hälfte aller Kunden von Cellularnetzen in den USA. Innerhalb Europas entfiel ein Viertel auf Großbritannien, gut 20 % auf die nordischen Länder und auf Deutschland nur 5 % (vgl. OECD 1997a).

Die Marktentwicklung in der Telekommunikation geht wie in vielen anderen Industrien nicht immer den Weg der technischen Weiterentwicklung. Neue Technologien scheitern häufig an der Höhe der notwendigen Investitionen und die vorher nicht transparenten Nachfragepräferenzen der Telekommunikationskunden. Oft weisen nach Einführung einer Technologie neue Anwendungen der Marktentwicklung eine neue Richtung. Auch die Geschichte der Telekommunikation offenbart eine Vielzahl von Fehleinschätzungen über den Markt. Die kommerzielle Telekommunikation beginnt mit der Einführung des Telegraphen, dem zunächst kein ziviler Markt vorausgesagt wurde. Dann entdeckten die Börsen den großen Nutzen der Nachrichtentechnik, der Ticker wurde geboren (vgl. Flichy 1994, 84 ff.). Der Telefonie, also der Sprachübermittlung, wurde ebenfalls keine breite Anwendung vorausgesagt, ebensowenig wie später dem Fax-Gerät. Heute ist man aufgeschlossener gegenüber den kommerziellen Chancen technischer Neuerungen. Im Internet wurde noch Ende der 80er Jahre von vielen Unternehmen keinerlei Nutzen für ein breites Informationsmedium gesehen, auch weil alternativen Angeboten wie BTX kein durchschlagender Erfolg beschieden war. Auch wurde die allgemeine Nutzung der Digitaltechnik trotz technischer Vorteile von den meisten Anbietern nicht erwartet. Bis heute werden dem analogen Fernsehen weiterhin Chancen gegenüber dem digitalen TV eingeräumt. Die entscheidende Veränderung in der Telekommunikation hat jedoch der Mobilfunk gebracht (vgl. Pehrsson 1996, 86), der auch ein Anlaß für die Deregulierung der Telefonnetze war. Die Nachfrage nach Mobiltelefonie war - auch durch technische Unausgereiftheit - zunächst eher gering, so daß darin vielfach nur wenige Anwendungen, z.B. Autotelefone, gesehen wurden. Technische Durchbrüche, ein gelungener Standard und eine geschickte Preispolitik ließen den Markt seit Ende der 80er Jahre explodieren.

Erfolgreiche Technologien entfalten sich oft zuerst nur als Nischenanwendungen. Erst später wird ein breiter Massenmarkt erschlossen. Gewinner sind einzelne Unternehmen, die auf das "richtige Pferd" gesetzt haben. Dies waren aber nicht immer die ursprünglichen Erfinder, sondern vor allem die Unternehmen, die in besonders dynamischen Ländern beheimatet waren. Denn die Ländermärkte entwickelten sich recht unterschiedlich. Der Boom bei Mobiltelefonen wurde in den 80er Jahren zunächst in den nordischen Ländern Europas ausgelöst und erfaßte erst in den 90er Jahren ganz Europa. Welche Dienste und welche Gerätekonfiguration sich zum

"Publikumsrenner" entwickeln und wo dies zuerst geschehen wird, ließ sich nur sehr schwer prognostizieren. Dies gilt für fast alle neuen Telekommunikationstechniken. Was sich schließlich durchsetzt, ist auch von kleinen Zufällen abhängig, von neuen Anwendungen, die sich neben den vorher anvisierten Einsatzbereichen herausbilden, von Komplementärtechniken, von Moden und von den Preis- und Vermarktungsstrategien der Diensteanbieter (vgl. auch BMPT 1996).

Dies wird sich auch in Zukunft nicht ändern. Die Verzahnung von technischer und Marktentwicklung ist heute noch unübersichtlicher geworden; Standards, Technologien, Übertragungsmedien und Dienste konkurrieren um Skalenerträge und damit um die Dominanz. Noch ist nicht entschieden, ob das Festnetz gegenüber der Mobilkommunikation bestehen bleibt, ob Satelliten oder das Fernsehkabelnetz die zukünftigen Übertragungswege sind, ob sich das Internet auch im Telefon- und Fernsehbereich durchsetzt. Nicht nur die Standardisierungsbemühungen, sondern auch diese Unsicherheit der Zukunft von Substitutionstechnologien führen zu einer starken Verbreitung von strategischen Allianzen.

1.4 Internationalisierung der Telekommunikationsindustrie

Die 150-jährige Geschichte der Telekommunikation läßt sich mit Bezug auf den Internationalisierungsgrad in drei (sich überlappende) Phasen einteilen:

(1) Einsetzende Internationalisierung der innovativen Pionierunternehmen vom Beginn der Kommerzialisierung des Telefons in Europa 1879 bis in die 30er Jahre des 20. Jahrhunderts.

(2) Die Internationalisierung wird durch Nationalisierung, Monopolisierung und Verstaatlichung weltweit zurückgedreht.

(3) Seit Mitte der 80er Jahre setzt sich die Liberalisierung, Deregulierung und Privatisierung in der Telekommunikation allgemein durch.

Mit der weltweiten kommerziellen Nutzung der Telekommunikation im vorigen Jahrhundert setzte auch die Internationalisierung von Unternehmen ein. Nach der Etablierung auf dem heimischen Markt begannen Bell (AT&T), Siemens, Ericsson und Marconi, der Erfinder der Funktechnik, ausländische Märkte auch mit Direktinvestitionen zu erschließen. Durch die temporären Monopole der Erfinder (Eigentumsvorteile) konnten sich diese Firmen gegenüber den dort heimischen Unternehmen gut durchsetzen und eine bedeutende Marktstellung einnehmen. So war AT&T in den 20er Jahren ein bedeutender Anbieter in Europa (vgl. Sobel 1982, 40). Siemens erreichte schon um die Jahrhundertwende Auslandsanteile von fast 50 %, etwa soviel wie heute. Die Markterschließung erfolgte zunächst in Europa und den USA, bald wurden aber auch andere Länder erschlossen, die eigene Telefonnetze aufbauen wollten und auf das Know-how der ausländischen Unternehmen zurückgreifen mußten. Lokale Tochterfirmen lieferten den Telefongesellschaften den nötigen kontinuierlichen Service. Die beiden größten Telekommunikationshersteller Japans wurden ursprünglich als Tochterfirmen westlicher Unternehmen gegründet. Western Electric gründete 1899 die Tochterfirma Nippon Electric Corp. (NEC), die 1925 von ITT übernommen wurde, und Siemens zusammen mit der japanischen Firma Furukawa das Joint-Venture Fuji, aus dem 1935 Fujitsu hervorging. Auch Marconi, ein Pionier mit zentralen Patenten in der Funktechnik und heute Teil der englischen GEC, gründete ausländische Tochterfirmen, die größte davon in den USA. Auch die Marktführer in Europa, Ericsson und Siemens, waren früh international ausgerichtet. Die vertikale Integration schloß Hersteller und Netzbetreiber zusammen. AT&T, ITT, Siemens und Ericsson unterhielten Telefongesellschaften vor allem in weniger entwickelten Ländern, wie Polen, Spanien, Mexiko, Italien und Südamerika (vgl. Sobel 1982).

Frankreich, England und Deutschland sahen indes schon zu Beginn nicht nur die militärstrategische Bedeutung der Telekommunikation, sondern auch als Infrastruktur, mit der die nationalen Unternehmen durch frühe Einführung der neuesten Technik gefördert werden sollten. Beispielsweise wurde die Firma Telefunken auf Intervention staatlicher Stellen als Gemeinschaftsunternehmen von Siemens und AEG in der Funktechnik gegründet, um gegen Marconi besser konkurrieren zu können. Selbst in den USA wurde bereits 1919 American Marconi auf Forderung des Kongresses von AT&T übernommen (vgl. Flichy 1994). Als auch andere Länder die strategische Bedeutung der Telekommunikation als wesentlichen Infrastrukturfaktor entdeckten, setzte weltweit eine Welle der Nationalisierung ein. Höchste Priorität bekam der Aufbau der Telekommunikationsinfrastruktur. Zudem setzte die Weltwirtschaftskrise der Internationalisierung vorerst einen Schlußpunkt. So wurde auch NEC und Fujitsu in japanischen Mehrheitsbesitz überführt.

Das zweite Merkmal dieser 2. Phase war die Monopolisierung und in vielen Ländern die Verstaatlichung der Telekommunikationsdienste. Als erstes Land verstaatlichte England schon 1870 seine Telekommunikation, da der Wettbewerb zwischen den Telefongesellschaften eine flächendeckende Telefonversorgung verzögerte (vgl. Flichy 1994, 96). Viele anderen Länder folgten nach dem privat finanzierten Aufbau der Telefonnetze. Telefongesellschaften von ITT und Ericsson in Europa, Mexiko und Südamerika gingen sukzessiv in nationalen, in der Regel in staatlichen Besitz über. ITT gab daraufhin den Plan einer internationalen Telefongesellschaft auf und konzentrierte sich auf die Herstellung von Telekommunikationsgeräten. Hierbei wurden gleichwohl die FuE-Anstrengungen verstärkt. Selbst in den USA, wo im Rahmen der Anti-Trust-Gesetzgebung am stärksten gegen Monopolisierung vorgegangen wurde, konnte AT&T 1934 vom Kongreß ein Telefonmonopol erlangen, wenn auch mit Auflagen. Den Schlußpunkt dieser Phase setzte die Französische Regierung noch 1982 mit der Verstaatlichung der Telekommunikationshersteller (vgl. Schmoch 1990a, 250). Die Monopolisierung des Telefondienstes verbesserte zwar die Telefoninfrastruktur, sorgte aber gleichzeitig durch vertikale Integration (USA, Kanada) oder die Bevorzugung heimischer Lieferanten für eine Nationalisierung der Telekommunikationsindustrie. Auch die Weltkriege haben dazu beigetragen, die Internationalisierung aufzuhalten oder sogar zurückzudrehen. So verloren die deutschen Firmen ihre Auslandsniederlassungen vollständig, und da die USA eine technische Führungsrolle einnahmen, gingen Direktinvestitionen überwiegend von dort aus, wobei sich in der Telekommunikation nur ITT international engagierte. Dagegen blieb der Monopolist AT&T ein stark heimatlandorientiertes Unternehmen, die eher halbherzigen Investitionen in Europa, z.B. in den Niederlanden, hatten eine geringe Bedeutung.

Seit Mitte der 80er Jahre ist die Telekommunikation mit der zunehmenden Liberalisierung, Deregulierung und Privatisierung auch durch eine wiedereinsetzende Internationalisierung geprägt, nicht nur der Hersteller, sondern ebenso der Telekommunikationsanbieter. Die zunehmende Liberalisierung der Dienste schafft auch wettbewerbliche Marktstrukturen auf dem Herstellermarkt, da neu eintretende Netzbetreiber die monopolistischen Marktstrukturen aufbrechen und beim Netzauf- und -ausbau auch auf ausländische Hersteller zurückgreifen, die ihrerseits auf diese neuen Wettbewerbschancen auf ausländischen Märkten durch Direktinvestitionen reagieren. Diese Liberalisierung öffnet ein Ventil für den Internationalisierungsdruck, der sich durch die hohen Entwicklungskosten neuer Telekommunikationssysteme ergeben hat: schon die Entwicklung der digitalen Vermittlung nur für das Heimatland war für die meisten europäischen Unternehmen nicht zu rechtfertigen. Es mußten anschließend große ausländische Märkte bedient werden können, damit sich die Entwicklungskosten amortisieren konnten.

Die Privatisierung der Hersteller (Frankreich, Italien) und Netzbetreiber (Europa, Japan), die in den meisten Ländern in den 90er Jahren umgesetzt wurde oder angestrebt wird, öffnet zudem die Landesgrenzen für Direktinvestitionen, die, wie vorherige Untersuchungen gezeigt haben, in der Regel internationale FuE-Aktivitäten nachsichziehen. Auch die großen nationalen Netzbetreiber werden über Allianzen, gegenseitige Kapitalverflechtung und Übernahmen multinational und zudem von staatlichen Vorgaben befreit. Um die eigene technische Infrastruktur zu verbessern, hatten die Netzhersteller in der Regel die Aufgabe, neue Technologien unter Berücksichtigung der externen Effekte früh einzuführen, oft ohne entsprechende Marktnachfrage. Andererseits fehlten durch das Dienstemonopol die Anreize für einen mit dem Markt gekoppelten technischen Fortschritt. Die Liberalisierung sollte mithin auch den technischen Fortschritt fördern: Erstens durch die Intensivierung des internationalen Wettbewerbs bei den Diensten, zweitens bei den Herstellern und drittens durch die Ausweitung des für den Hersteller erreichbaren Marktes.

Die Internationalisierung der Telekommunikationstechnik nimmt weiter zu. Denn die internationale Re-Strukturierung und Konsolidierung der Diensteanbieter und Hersteller zu großen internationalen Oligopolen wie in der Halbleiter oder Pharmaindustrie ist noch nicht abgeschlossen. Noch sind die nationalen Grenzen nicht völlig durchlässig, die Infrastruktur in den einzelnen Länder nicht harmonisiert. Es ist bezeichnend, daß es keinen Anbieter gibt, der auf allen Triademärkten fest etabliert ist. Vor allem Japan spielt nicht die Rolle in der Telekommunikationsindustrie, wie es der Größe des Marktes als auch der Bedeutung der japanischen Elektronikhersteller entsprechen würde. Eine detaillierte Untersuchung der großen Telekommunikationshersteller sollte die hier formulierten ersten Aussagen illustrieren und die Internationalisierungsprozesse der FuE-Aktivitäten vor dem Hintergrund dieser technischen und institutionellen Umbrüche analysieren.

2. Untersuchte Unternehmen

Die großen Telekommunikationskonzerne (vgl. Tab. V.2-1) zeichnen einige Merkmale aus, die für die Internationalisierung von Bedeutung sind: die lange Unternehmenstradition, die Heimatmarktdominanz und die vertikale Integration oder zumindest enge Zusammenarbeit mit der staatlichen Telefongesellschaft. Durch die Regulierung, die Bedeutung der Telekommunikation als nationale Infrastruktur und Bewertung der Nachrichtentechnik als "strategische Industrie" (hohe FuE-Intensität, Einsatz neuer Technologien, Militärelektronik) entwickelte sich in fast allen Ländern eine nationale Telekommunikationsindustrie. So entstanden große Unternehmen in der Regel nur in Ländern mit großem Heimatmarkt, die zudem bis heute eine im Vergleich zu anderen Industrien der Spitzentechnik geringe Exportquote aufweisen.

Tabelle V.2-1: Umsatz der zehn größten Telekommunikationsgerätehersteller 1996

Konzern	Heimatland	Telekommunikationsgeräte (US$ Mrd.)	Anteil Telekommunikationsgeräte (%)	Anteil im Ausland (%)	Wachstum p.a. 1992-96 (%)
Motorola	USA	17,5	61,6	63	22,8
Ericsson	SWD	17,0	96,9	91	21,8
Alcatel	FRA	16,9	50,8	77	-3,3
Lucent	USA	16,9	72,7	26	11,8
Siemens	DEU	15,3[1]	22,1	57	4,6
NEC	JP	11,5	27,9	28	10,9
Nortel	CAN	12,4	95,0	89	14,4
Nokia	FIN	8,4	99,0	91	20,0
Fujitsu	JP	6,6[2]	16,6	30	-
Bosch	DEU	3,6	15,1	56	-8,8

[1] GPT anteilig, ohne Italtel

[2] 1995

Quelle: eigene Erhebung, ITU (1997).

Eine Ausnahme bildet hier das Unternehmen Ericsson, das sich schon sehr früh auf Auslandsmärkte konzentriert hat. Umgekehrt führte der Aufbau einer nationalen Telekommunikationsindustrie in der Regel zu einem dominierenden nationalen Anbieter von Telekommunikationsgeräten. Im Fall von AT&T und Northern Telecom (Nortel) besteht oder bestand zudem ein vertikal integrierter Konzern mit einer unternehmerischen Einheit von Gerätehersteller und dem monopolistischen Telekommunikationsdiensteanbieter. Dort, wo die Telefongesellschaft verstaatlicht wurde, herrschte in der Regel eine enge Zusammenarbeit zwischen dem Hersteller und dem Netzbetreiber. Erst auf dem ausländischen Markt sind die Hersteller dem Wettbewerb ausgesetzt und sehen sich häufig gar in der (ungewohnten) Rolle eines "Newcomers" mit geringem Marktanteil. Die Hersteller kennzeichnet meist auch eine Downstream-Integration, die die Mikroelektronik der Telekommunikationsgeräte miteinschließt. Die japanischen und die deutschen Unternehmen sind innerhalb der Elektrotechnik stark diversifiziert, die Unternehmen der anderen Länder sind dagegen stark auf die Telekommunikation konzentriert.

In einer reifen Technologie wie der Telekommunikation, in der der technische Fortschritt eher langsam umgesetzt und der einmal eingeschlagene technologische Pfad weitgehend stetig beschritten wird, technisches Know-how also über eine sehr lange Zeit akkumuliert wird, finden sich unter den Marktführern in der Regel Unternehmen mit langer Tradition. So beginnt die Geschichte von Siemens vor 150 Jahren mit der Entwicklung der Telegraphie in Deutschland, Bosch und Ericsson blicken auf eine über 100-jährige Unternehmensgeschichte zurück und das US-Unternehmen AT&T ist mit dem Namen Bell, dem Erfinder des Telefons verbunden. In der Rangliste der 10 größten Telekommunikationsgerätehersteller gab es in den letzten Jahrzehnten nur wenig Bewegung, die vier größten waren dies schon in den 20er Jahren.[3] Anders als in der Halbleiterindustrie oder der Biotechnologie finden sich wenig junge Unternehmen - vor allem in Europa. Nokia ist hier die einzige Ausnahme, das Unternehmen ist vor allem durch die Konzentration auf den Mobilfunk in wenigen Jahren auf den 8. Platz vorgerückt. Philips zog sich dagegen aus der öffentlichen Telekommunikation weitgehend zurück. In den USA allerdings resultieren selbst in dieser Industrie international erfolgreiche Unternehmen aus der Gründungsdynamik. Zu den schnell wachsenden jungen Unternehmen gehören Firmen wie Qualcomm, Newbridge und DSC Communication. Letztere hat in den 90er Jahren begonnen, ausländische Märkte zu erobern, Tochtergesellschaften in Europa zu gründen oder Firmen zu akquirieren, die mittlerweile auch intensiv FuE durchführen.

Im Rahmen dieser Untersuchung wurden Interviews mit insgesamt 13 Unternehmen geführt, wobei neben neun der zehn größten Hersteller von Telekommunikationsgeräten, drei große, stark diversifizierte Elektrokonzerne, die neben einem Schwerpunkt in der Unterhaltungselektronik auch im Teilbereich der multimedialen Kommunikationstechnik führend vertreten sind (Philips, Matsushita Electric Industrial, Sony), gewonnen werden konnten. Zusätzlich wurde ein besonders stark expandie-

---

3 Wobei Alcatel im Jahre 1986 den Telekommunikationsbereich der ITT, dem zweitgrößten Telekommunikationsunternehmen der USA, mit weltweiten Tochterunternehmen übernommen hat.

render und internationalisierender "Newcomer" (DSC Communication) befragt, der nicht in die Patentanalyse einbezogen wurde. Insgesamt wurden somit zwei deutsche, vier nordamerikanische, drei japanische und vier weitere europäische Konzerne befragt.

Auf die befragten Unternehmen entfallen knapp 38 % der am EPA zwischen 1991 und 1994 angemeldeten Patente und gut zwei Drittel aller Patente mit Herkunftsort Deutschland. Überdies decken diese Unternehmen fast die gesamten FuE-Aktivitäten ausländischer Unternehmen im Bereich der Nachrichtentechnik in Deutschland ab. Einwände bezüglich der Repräsentativität der Interviews, des selection-bias für internationalisierte Unternehmen mit FuE-Aktivitäten in Deutschland und der Wiedergabe einer mehr "deutschen Sicht" der Interviewpartner sind im Bereich der Telekommunikationstechnik weniger kritisch. Unter den zehn größten Unternehmen führt nur ein japanisches (Fujitsu) keinerlei FuE-Aktivitäten im Bereich der Telekommunikation in Deutschland durch (und wurde somit nicht befragt). Von den 18 interviewten Unternehmensvertretern, kamen 10 aus Deutschland, wobei nur zwei der befragten 13 Konzerne ihren Stammsitz in Deutschland unterhielten. Ein viel gewichtigeres Problem bei der Unternehmenseinschätzung von Standortbedingungen kann allerdings die aktuelle Branchenkonjunktur sein. Die Marktdynamik kann nämlich einen Einfluß als Standortfaktor ausüben: Boomt der Markt, wie im Fall der Nachrichtentechnik, scheint vieles in günstigerem Licht, die Bedeutung struktureller oder angebotsseitiger Nachteile tritt aus Unternehmenssicht zurück. In der Tat sind bei den Interviews nur wenig negative Aspekte der Rahmenbedingungen für die FuE-Tätigkeit in Deutschland benannt worden. Deshalb sollen in der Standortanalyse in den Kapiteln V.3.3 und V.3.5 Standortnachteile im internationalen Vergleich besonders hervorgehoben werden.

Die großen Telekommunikationshersteller haben - besonders in den 90er Jahren - internationale Produktionsstandorte aufgebaut oder ausländische Unternehmen übernommen. Bezeichnend ist allerdings hierbei das Fehlen einer triadischen Organisation, wie sie in anderen Industrien zu beobachten ist (vgl. Ohmae 1982). Zwar wird der US-amerikanische Markt seit den 90er Jahren auch mit lokaler Produktion erschlossen. Der Internationalisierungsgrad der Produktion ist gleichwohl noch immer gering, Asien und vor allem Japan hat hier - mit einigen Ausnahmen, z.B. bei Fax-Geräten - nie die Rolle gespielt wie in anderen Bereichen der Elektrotechnik, bei der die Industrieländer von "Billigprodukten aus Fernost" versorgt wurden.[4] Zwar hat die Marktprotektion auch die Internationalisierung der Produktion verzögert, aber selbst in den 90er Jahren werden neue hochautomatisierte Produktionsanlagen vor allem in den Heimatländern oder anderen Industrieländern aufgebaut. Ein Beispiel hierfür ist die Handy-Produktion von Siemens im modernen Werk in Kamp-Lintfort.

4 Die relativen Import-Export-Salden sind in weiten Bereichen der Telekommunikationsgeräte der großen Industrieländer stark positiv, siehe z.B. Schwab (1996, 42).

3. Analyse ausgewählter Telekommunikationsunternehmen und Ergebnisse

3.1 Internationalisierung von FuE

Die Internationalisierung der FuE spielte sich seit der protektionistischen und infrastrukturpolitischen Ausrichtung der Telekommunikationspolitik auf zwei Arten ab. Um in einen ausländischen Markt einzutreten, wurden entweder heimische Unternehmen und damit die im Markt eingeführten Systeme gekauft oder erhebliche Anpassungsentwicklungen der eigenen Systeme auf dem Fremdmarkt durchgeführt. So wurde Stromberg-Carlson in den USA zunächst von GEC, später von Siemens übernommen, in Deutschland C. Lorenz von ITT bzw. Alcatel und TeKaDe von Philips. Die akquirierten Firmen im Ausland waren meist mehr oder weniger isoliert von der Muttergesellschaft auf ihren eigenen Markt ausgerichtet und wurden von einheimischen Managern geführt. Sie waren damit aber als "nationale" Unternehmen anerkannt, belieferten die staatlichen Telefongesellschaften und nahmen an der nationalen Forschungsförderung teil. Die Tochterfirmen von ITT in Belgien, Großbritannien, Deutschland und Spanien sind hierfür ein extremes Beispiel. Die stark internationalisierte FuE von ITT wurden bis in die 80er Jahre kaum koordiniert (vgl. Sobel 1982 und Bartlett, Ghoshal 1989). Die Tochterfirmen mit Anpassungsaufgaben waren dagegen meist kleinere Einheiten, die über einen intensiven Technologietransfer von der Muttergesellschaft abhängig waren und nach vollzogener Einführung wieder reduziert oder gar aufgelöst wurden. So hat Ericsson, das am konsequentesten diese Strategie des intensiven internationalen Technologietransfers verfolgte (siehe die Fallstudie in Bartlett, Ghoshal 1989 und Pehrsson 1996), auf kleinen Märkten, z.B. in Australien, temporäre Entwicklungseinheiten nur für die Anpassung des Vermittlungssystems AXE eingerichtet. Die Anpassungsaktivitäten bestehen zum größten Teil aus Softwareprogrammierung, abgestimmt auf das nationale Netz. Die Internationalisierung der FuE ist hier vor allem eine Internationalisierung des Softwarebereichs der Telekommunikation.

Bis heute sind diese beiden Arten der Internationalisierung der FuE zu beobachten: Die Übernahme FuE betreibender heimischer Firmen und Aufbau von FuE-Einheiten zur Marktanpassung. Insgesamt führt dies allein in der Phase der nationalen Abschottung jedoch zu einem geringen Internationalisierungsgrad, denn die FuE-Aktivitäten sind dabei immer nur auf das Land ausgerichtet, in dem FuE durchgeführt wird, gemäß einer *local-for-local*-Strategie in der Produktentwicklung. Die Protektionierung der Märkte schreckte viele Unternehmen grundsätzlich davon ab, FuE im Ausland aufzubauen oder zu übernehmen. Meist internationalisierten Unternehmen mit kleinem Heimatmarkt (Ericsson, Philips, Nortel), da nur durch die Einbeziehung von Auslandsmärkten die Amortisation der hohen FuE-Aufwendungen für Telekommunikationssysteme möglich war (vgl. Tab. V.3-1). Zudem bremste die Knappheit gut ausgebildeter Ingenieure das Wachstum der FuE im

Tabelle V.3-1: Anteil der Auslandspatente ausgewählter Telekommunikationsunternehmen

Konzern	Patentanteil Ausland in %			Kommentar
	1983-1987	1987-1990	1991-1994	
Alcatel (FRA)	NV	51	55	Übernahme von ITT 1986, Rekonzentration in den 90er Jahren
AT&T (USA)	1	4	4	Bisher geringe Internationalisierung, erst seit 1996 wieder verstärkt
Bosch (DEU)	0	4	1	Neuorientierung in den 90er Jahren
Canon (JP)	0	0	6	Konzentration a. Japan und z.T. USA
Daimler-Benz (DEU)	0	0	1	Ausstieg aus der Telekommunikation
Ericsson (SWE)	4	20	28	Internationalisierung weiter steigend
Fujitsu (JP)	5	1	4	Konzentration a. Japan und USA, z.T. Großbritannien
GEC (GBR)	NV	3	6	Frühe Internationalisierung, Fusion mit Siemens in den 90er Jahren
Matsushita (JP)	0	1	8	Internationalisierung in den 90er Jah.
Motorola (USA)	12	4	9	Internationalisierung erst Mitte der 90er Jahre wieder verstärkt
NEC (JP)	0	0	2	Nur einzelne Labore für Vorentwicklung im Ausland
Nokia (FIN)	-	(52)	12	Konzentration auf Komm., dort Internationalisierung in den 90er Jahren
Nortel (CAN)	20	45	61	Starke Internationalisierung: 80er Jahre USA, in den 90ern auch Europa
Philips (NLD)	48	53	48	Traditionell stark internationalisierte FuE
Siemens (DEU)	13	18	20	Lange Tradition der Internationalisierung, in den 90ern verstärkt bei IuK
Sony (JP)	12	4	3	Als japanisches Unternehmen früh internationalisiert, aber Telek. gering
Insgesamt	-	21	18	Internationalisierung insgesamt bis 1994 noch nicht gestiegen

NV: Wegen Konzernumstrukturierung nicht mehr rekonstruierbar

Quelle: Patentanmeldungen am EPA, eigene Berechnungen

Inland, so daß auf andere Länder durch den Aufbau von FuE-Einheiten ausgewichen werden mußte.[5] Im Gegensatz zu vielen anderen US-amerikanischen Unternehmen verfolgten AT&T und Motorola eine heimatmarktdominierte Strategie, Internationalisierungsversuche blieben lange in "Brückenköpfen" in Europa mit geringen FuE-Aufgaben stecken.

Der positive Zusammenhang des Internationalisierungsgrads der FuE mit dem Internationalisierungsgrad des Unternehmens und der negative Zusammenhang mit der Größe des Heimatmarktes ist bis heute kennzeichnend (vgl. Abb. V.3-1). Für die einzelnen Unternehmen gilt: Erst wenn der Umsatzanteil im Ausland über 50 % steigt, nimmt der Auslandsanteil der FuE stark zu. Durch die Marktöffnung ab Mitte der 80er Jahre setzte allerdings eine weitere Internationalisierungs- und Konsolidierungswelle ein.

Abbildung V.3-1: Internationalisierungsgrad von FuE und Umsatz ausgewählter Unternehmen in der Telekommunikationsindustrie 1996

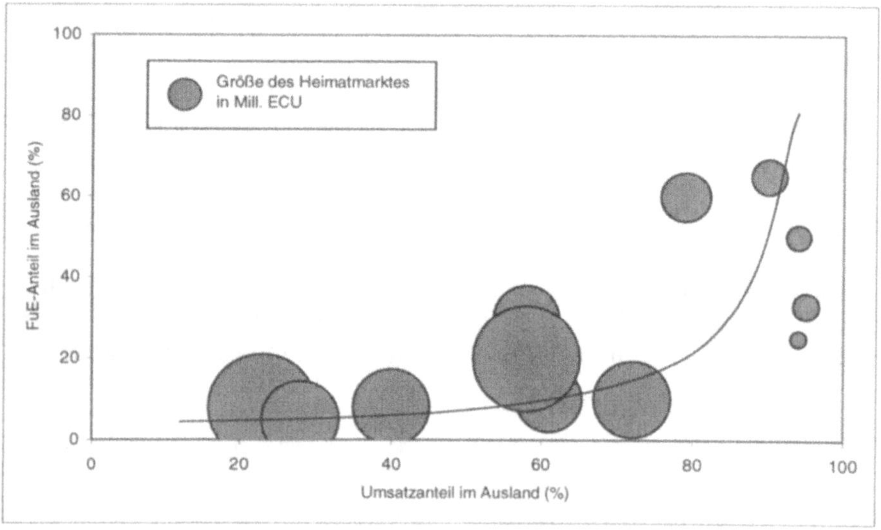

Quelle: eigene Erhebungen.

Die bisher wenig internationalisierten und heimatmarktorientierten Unternehmen begannen nun, zunächst mit Vertriebs- später auch mit Produktionsstandorten, die liberalisierten Märkte in Europa und den USA zu erschließen. Schon in den 80er Jahren eröffneten sich Wettbewerbschancen auf einigen der vorher abgeschotteten Märkten. Die neuen Wettbewerber bei den Netzbetreibern suchten oft nach Her-

5 Schon Cordell (1973) beschreibt dies als "eisernes Gesetz", nachdem Unternehmen kleiner Länder auf benachbarten großen Märkten FuE aufbauen.

stellern, die nicht schon die etablierten Telefongesellschaften bedienten. Denn erst durch Innovationen bei Technik und Service, die in enger Zusammenarbeit mit dem Hersteller entwickelt werden, können die neuen Netzbetreiber überhaupt eine Wettbewerbschance gegenüber den ehemaligen Monopolisten herausarbeiten. In den USA ging beispielsweise der erste Wettbewerber MCI mit Nortel eine enge Partnerschaft ein. In Deutschland siedelten sich Ericsson und Nokia an, nachdem sie zu Hauptlieferanten der privaten Mobilnetze gewählt wurden.

Neuer Bestandteil der Internationalisierung in der Telekommunikationsindustrie ist der Aufbau von Forschungszentren, die auch oder nur mit der Vorentwicklung beschäftigt sind. Auch japanische Unternehmen, die bisher - in Vergleich zu ihrer Größe - in der Telekommunikation wenig auf den Märkten außerhalb Asiens präsent waren, versuchen über den Aufbau produktionsunabhängiger FuE-Einheiten, Anschluß an die Marktentwicklung in Europa und den USA zu gewinnen (vgl. Tab. V.3-1).

3.2 Bildung von Kompetenzzentren in Unternehmen

Die Bildung von internationalen Kompetenzzentren in FuE ist in der Telekommunikationstechnik wegen der Regulierung und Marktseparierung bisher nur bei wenigen Unternehmen umgesetzt worden. Durch den Umbruch in der Telekommunikation verändert sich allerdings die Struktur der FuE im Ausland in fast allen Unternehmen. Durch die Internationalisierung des Wettbewerbs und den Abbau der nichttarifären Barrieren ist die Entwicklung von Komponenten oder gar Systemen, die auf die Nachfragespezifika eines einzelnen Marktes abzielen, für multinationale Unternehmen kaum mehr rentabel. Mindestens seit den 80er Jahren haben sich die großen Konzerne darauf eingestellt und begonnen, die Internationalisierungsstrategie der FuE-Aktivitäten zu ändern. Die polyzentrisch internationalisierten Unternehmen begannen, die weltweit verteilte FuE zu koordinieren und die lokal ausgerichtete FuE auf weltmarktfähige Produkte zu trimmen. Alcatel, der "Erbe" der Telekommunikationssparte der ITT, die noch vergeblich versucht hat, ihre nationalen Gesellschaften zur intensiven Zusammenarbeit zusammenzuschließen (Bartlett, Ghoshal 1989), benötigte einige Jahre zur Gestaltung einer koordinierten FuE-Organisation. Bei der Umgestaltung wurden auch einige FuE-Einheiten reduziert oder gar geschlossen. Die Aufgaben der FuE-Einheiten im Ausland wurden immer stärker zur Produktentwicklung für den Weltmarkt im Sinne einer *local-for-global*-Strategie transformiert.

Der Wechsel von der Ausrichtung der weltweiten FuE-Aktivitäten multinationaler Unternehmen auf die jeweils lokalen Marktgegebenheiten hin zur Koordination und Abstimmung der FuE-Aufgaben zwischen den internationalen FuE-Einheiten erfordert eine Konzentration bestimmter Inhalte auf einzelne FuE-Labors. Der Abbau von Doppelentwicklung, eine effizientere Zusammenarbeit, bei der komplementäre

Stärken einzelner Standorte in eine gemeinsame Produktentwicklung eingebracht werden und die Sicherstellung einer einheitlichen Systemarchitektur sind die maßgeblichen Ziele einer weltweit koordinierten FuE-Organisation. Vor allem in den Unternehmen, bei denen eine erhebliche Umstrukturierung vorher eher unabhängiger Tochtergesellschaften nötig war, ist auch eine in vielen anderen stark internationalisierten Industrien in den 90er Jahren eingeleitete Rekonzentration oder Refokussierung der FuE-Aktivitäten auf wenige Forschungszentren zu beobachten. In diesem Zusammenhang werden die umstrukturierten Zentren auch explizit Kompetenzzentren genannt. Allerdings haben sich - wie bereits erwähnt - zwei davon besonders betroffene Unternehmen, ITT und Philips, letztlich aus dem Telekommunikationsbereich oder Teilen davon zurückgezogen.

In der Telekommunikation ist jedoch eine starke Internationalisierung der bis zur Liberalisierung noch wenig im Ausland tätigen Unternehmen weit häufiger zu beobachten als die Reorganisation stark dislozierter multinationaler Unternehmen. Der Neuaufbau oder die Übernahme von FuE-Aktivitäten im Ausland ist in der Regel verbunden mit einer FuE-Aufgabenzuweisung, die sich innerhalb des Konzerns arbeitsteilig einfügt und auf die Vor- oder Produktentwicklung für den Weltmarkt oder einen großen Regionalmarkt ausgerichtet ist. Die Struktur der FuE-Aufgaben, die in einem multinationalen Konzern zu bewältigen sind und auf die FuE-Einheiten verteilt werden, ist in der Telekommunikation in den meisten Unternehmen in der einen Dimension entlang der Phasen des Innovationsprozesses und in der anderen in bestimmte Technikkonfigurationen eingeteilt. Zunächst wird zwischen der Vorentwicklung, der Produktentwicklung und der Softwareentwicklung unterschieden. In der zweiten Dimension erfolgt die Definition der Entwicklungsaufgaben für bestimmte Standards. Beispielsweise muß zur Entwicklung eines Mobiltelefons die Entscheidung über das technische Umfeld getroffen werden, in dem das Gerät senden und empfangen soll, also ob es dem Standard GSM, CDMA oder PHS entsprechen soll. Die Vor- oder Produktentwicklung für einen bestimmten Standard wird in der Regel auf eine FuE-Einheit übertragen. Bei größeren Systemen wird auch die Entwicklung von Komponenten auf die internationalen FuE-Standorte verteilt. In einigen Fällen werden auch bestimmte Entwicklungsaufgaben für ein Produkt auf mehrere Zentren verteilt, wenn dort das spezielle Know-how oder eine herausragende Kompetenz vorhanden ist. So wurde für ein neues GSM-Handy von Nortel das Audiosystem vom kanadischen Headquarter, die Spracherkennung von Matra in Frankreich und dem AEG-Forschungszentrum in Ulm und das Industriedesign von der ehemaligen ITT-Tochter in Großbritannien (STC) beigesteuert. Nicht zu beobachten ist demgegenüber die Konzentration einzelner Technologien, wie z.B. die digitale Signalverarbeitung, die gesamte Funktechnik oder Breitbandkommunikation auf einen Standort oder ein Land außerhalb des Heimatlandes.

Der Konzentrationsprozeß der FuE-Aufgaben zu Kompetenzzentren ist, wie das Beispiel von Nortel auch zeigt, noch nicht völlig umgesetzt. Sie ist auch nicht immer optimal, wenn Kompetenzen in einem Technikgebiet an zwei verschiedenen

Standorten vorhanden sind, z.B. durch die Übernahme einer Firma, die beide für das Unternehmen wichtige Know-how-Quellen sind. Es ist dennoch zu vermuten, daß die multinationalen Unternehmen auf eine Konzentration der FuE-Aufgaben an bestimmte FuE-Standorte hinarbeiten werden, da auch weiterhin die Zusammenarbeit zwischen weiter entfernten Standorten trotz verbesserter Telekommunikationstechnik nicht so effektiv wie die räumlich enge Konzentration der Entwickler sein wird.

Eine Übersicht über Standorte der FuE-Einheiten der befragten multinationalen Unternehmen der Telekommunikation, die bereits Kompetenzzentren gebildet haben, bestätigt die in der Patentanalyse ermittelte Konzentration auf die USA und die europäischen Länder Großbritannien, Deutschland und Frankreich. Die Entscheidung, welche Themen in welchen FuE-Einheiten durchgeführt werden, ist vor allem von der schon vorhandenen Kompetenz abhängig, die die Tochtergesellschaft durch FuE-Aktivitäten in einem Technikfeld aufgebaut hat. Die Umfeldfaktoren, z.B. die Forschungsinfrastruktur oder der lokale Arbeitsmarkt oder die Kunden, spielen bei der Entscheidung ebenfalls eine Rolle. Die Gewichtung von internen und externen Standortfaktoren ist indes schwer, da sich oft beide gegenseitig bedingen.

Eine "Verlagerung" von Kompetenzzentren aufgrund von besseren Umfeldfaktoren konnte bei den untersuchten Unternehmen aber nicht festgestellt werden; wenn Kompetenzen erst einmal in einem Land aufgebaut wurden, wäre es ein großer Verlust, diese für einen anderen Standort aufzugeben. Werden FuE-Zentren neu aufgebaut und neue FuE-Themen angegangen oder in anderen Telekommunikationsbereichen diversifiziert, spielen Umfeldfaktoren eine größere Rolle (siehe den folgenden Abschnitt). So sind eine Reihe von japanischen und US-amerikanischen Unternehmen nach dem Erfolg von GSM in diesen Bereich eingestiegen. Die dafür aufzubauenden FuE-Einheiten konnten dann außerhalb des Heimatlandes angesiedelt werden, wenn noch keine Kompetenz auf diesem Gebiet im Unternehmen vorhanden war.

Wenn das Umfeld (Markt, Humankapital) bestimmte Technologien bevorzugt, kann eine (regionale) Clusterung von bestimmten FuE-Themen oder Technikkonfigurationen mehrerer multinationaler Unternehmen erwartet werden. Und in der Tat kann man vor allem bei neu aufgebauten FuE-Zentren ein gewisses regionales Muster erkennen (vgl. Tab. V.3-2). Kompetenzzentren außerhalb der Heimatländer sind hauptsächlich in den USA, Deutschland und Großbritannien konzentriert, weniger in Frankreich und kein einziges in Japan. Dabei werden Funk- und Mobiltelefonaktivitäten, vor allem für den GSM-Standard, in Großbritannien und Deutschland angesiedelt. Deutschland ist daneben auch stark im digitalen Audio- und Videobereich vertreten. Die USA werden vor allem für die Breitbandkommunikation und Internetanwendungen gewählt. Welche Faktoren für die Standortentscheidung in der Telekommunikation entscheidend sind und ob sich regionale Kompetenzcluster herausbilden wird in den folgenden zwei Abschnitten diskutiert. Die Kompetenzzentrenbildung, die auf die Märkte ausgerichtet ist, setzt sich offenbar in der Internationalisierungsphase der 90er Jahre mehr und mehr für die gesamte Forschungsorganisation der Geschäftsbereiche durch.

Tabelle V.3-2: Ausgewählte Kompetenzzentren multinationaler Unternehmen bei Telekommunikationsstandards

	USA	Deutschland	UK	Frankreich	Japan
Motorola	Betriebsfunk, CDMA, AMPS	(Betriebsfunk-Handgeräte)	TETRA	UMTS	(Betriebsfunk)
NEC	ATM	Multimedia, Netzwerksoft.	GSM	-	Produktentwicklung
Nokia	ATM	ISDN	-	-	-
Ericsson	(ATM)	(GSM), ISDN	(...)	-	-
Sony	HDTV, PCS	GSM, Set-top-box, DAB	DVB	-	CDMA, PHS
Lucent	ATM, AMPS, CDMA	GSM, SDH	Europa-Zentrale	Endgeräte f. euro. Standard	-
Nortel	Vermittlung, PCS	Satelliten-komm. (ISDN)	Optoelektr.,	GSM	(Vermittlung)
Matsushita	DVD, Satelliten-kommunikation	MultimediaTV DAB, UMTS	GSM, Work-stations	-	PHS, Entwicklung

Anmerkungen.: (...) FuE-Aktivitäten, aber kein Kompetenzzentrum i.e.S.
Heimatland

Technische Abkürzungen siehe Abkürzungsverzeichnis

Quelle: eigene Erhebung.

3.3 Faktoren der Standortwahl von FuE

In der Phase der Regulierung und nationalen Abschottung war das Hauptmotiv der FuE im Ausland die Erschließung des jeweiligen Inlandsmarkts. Nach der Liberalisierung des Telekommunikationsmarktes verschiebt sich das Inlandsmarktmotiv. Der Marktzugang bleibt zwar das dominierende Standortmotiv, im Zentrum steht aber nicht mehr nur der jeweilige regionale Markt, sondern der gesamte Markt für bestimmte Anwendungen oder Standards, der von einem regionalen Markt aus effektiver erobert oder dominiert werden kann als nur vom Heimatmarkt aus. Nach der Devise "Forschen, wo die Märkte sind" wird FuE dort durchgeführt, wo die besten Möglichkeiten für den (Welt-)Marktzugang für eine bestimmte Telekommunikationslösung gesehen werden. Meist ist dies dort, wo die jeweiligen Technikanwendungen am fortgeschrittensten sind, weil dort die Nachfrage am "innovativsten" ist, also in besonderem Maße innovative Produkte und Dienstleistungen nachgefragt werden. Dies kann indes auch dadurch entstehen, daß durch die bloße Marktgröße die höchsten Größen- und Lerneffekte in FuE, Produktion und Kundenbetreuung erreicht wurden. Beispiele sind der Markt für GSM-Mobilkommunikation oder Internetanwendungen. Der GSM-Markt hat sich durch den Erfolg in Europa auch auf Asien und sogar Nordamerika ausgedehnt. GSM-Anwendungen werden von fast allen Telekommunikationsunternehmen in Europa entwickelt. Für die japanischen und nordamerikanischen Unternehmen ist dies ein Schwerpunkt ihrer FuE-Tätigkeit in Europa. Umgekehrt ist für ein neues Gebiet wie der Internetkommunikation die USA der dominierende Markt, sowohl durch die Größe als auch die Dynamik des Marktes. Multinationale Unternehmen, die in dieses Gebiet einsteigen wollen, wählen meist den US-Standort, da abzusehen ist, daß die sich in den USA durchsetzenden Standards, Anwendungen und Regeln im Internetverkehr in Europa übernommen werden.

Für die USA gilt aber auch, daß allein die Marktgröße - verbunden mit der Marktoffenheit einer noch immer etwas unterschiedlicheren Technikumwelt - genügend Anreize für FuE-Aktivitäten multinationaler Unternehmen setzt. Das gleiche gilt für China, die Marktgröße dominiert andere Standortvorteile bei der Entscheidung, dort auch FuE zu betreiben.[6] Japan dagegen kann von seiner Marktgröße nicht in Form von ausländischen FuE-Investitionen profitieren. Zum einen ist der Markt dafür noch zu abgeschottet, da die alten Zulieferer-Kundenstrukturen noch wirken (vgl. Grupp 1990). Nur Motorola ist - in einer Nische - der Markteintritt bisher in nennenswerter Weise gelungen. Zum anderen zeigt die Vergangenheit, daß sich Techniklösungen, die sich in Japan durchsetzen, außerhalb Japans (bisher) eine untergeordnete Rolle spielen. Erst seit kurzem wird z.B. PHS-Mobilkommunikation eine Chance auf dem Weltmarkt eingeräumt. Marktabschottung und Auslandsmißerfolge der japanischen Unternehmen wirken zusammen. Die hohe Entwicklungsabhängigkeit von der nationalen Telefongesellschaft hat dazu geführt, daß auf einem Gebiet, das geradezu prädestiniert für die japanische Industrie sein sollte (miniaturisierte Elektronik), wenig weltmarktfähige Produkte in Japan entstanden sind.[7] Eine Ausnahme ist das Fax-Gerät, bei dem sich die Nachfrage auf dem Inlandsmarkt auf die Auslandsmärkte übertragen hat.

Die Standortfaktoren für das Marktzugangsmotiv sind zusammenfassend

- Marktgröße,
- Marktoffenheit und die Marktdynamik und
- qualitative Anforderung der lokalen Marktnachfrage und die Übertragbarkeit auf andere regionale Märkte.

In Europa erfüllen die drei größten Märkte diese Bedingungen: Großbritannien, Deutschland und Frankreich, wobei Unterschiede in der Marktzusammensetzung

---

6 Bisher ist das dortige FuE-Engagement zwar gering aber wachsend. So hat Ericsson angekündigt, ein Forschungszentrum in Shanghai zu errichten.

7 Hinzu kommt die japanische Schwäche bei Software, siehe Economist (1995, 1996).

auftreten. So ist der gesamte Telekommunikationsgerätemarkt in Großbritannien nur halb so groß wie in Deutschland, in der Mobilkommunikation aber gleich groß und in den 80er Jahren sogar größer, was seine Attraktivität für FuE auf diesem Gebiet unterstreicht. Daneben haben bestehende Standorte des Konzerns, z.B. Vertriebs- und Produktionsstandorte einen erheblichen Standortvorteil bei der Ansiedlung von FuE-Aktivitäten, weil dort allgemeine Ressourcen mit der bestehenden Tochtergesellschaft geteilt werden können. Der Verfügbarkeit von qualifizierten Fachkräften kommt demgegenüber der Charakter einer Nebenbedingung zu: Humankapital muß ausreichend vorhanden und auch für das Unternehmen nutzbar sein. Für Großbritannien spricht oft der sehr flexible Arbeitsmarkt für Hochqualifizierte und die Bereitschaft, den Arbeitgeber zu wechseln. Forschungseinrichtungen werden von multinationalen Unternehmen in der Regel als relevant bezeichnet, nicht aber die regionale Nähe zu ihnen. Bei der Auswahl externer Partner sind Anwendungsnähe und technische Exzellenz entscheidend, kooperiert wird meist mit internationalen Partnern.

Firmenübernahmen gehören nicht zur Strategie jedes multinationalen Unternehmens. Ericsson, Nokia und die japanischen Unternehmen erschließen ausländische Märkte zunächst mit Niederlassungen und wachsen endogen, deutsche und nordamerikanische Unternehmen nutzen in der Regel Übernahmemöglichkeiten zum Markteintritt. Dabei ist der heimische Bestand an High-Tech-Unternehmen im Telekommunikationsbereich ein wichtiger Standortfaktor für Investitionen. Dänemark, ein kleiner aber besonders innovativer Telekommunikationsmarkt und geographisch zwischen den wichtigen nordischen Ländern und dem deutschen Markt gelegen, konnte so Kompetenzzentren ausländischer Unternehmen anziehen.

Damit ist eine neue Art der FuE-Internationalisierung zu verzeichnen: FuE auf besonders dynamischen Märkten, wo Technologieentscheidungen getroffen und sich später weltweit führende Standards zuerst durchsetzen. Ein "lead market" ist hier ein Markt, der die sich bildende Nachfragespezifik des Weltmarktes vorwegnimmt, der Technologien und Standards auswählt, die sich international durchsetzen. Dies kann durch Nachfragepräferenzen, die auch international bestehen oder gebildet werden (Mobiltelefonie), durch eine frühe Adaption einer neuen Technologie in demselben technologischen Pfad (elektronisch-digitale Vermittlung) oder durch eine aufgrund von Größenvorteilen entstehende Überlegenheit eines Systems hervorgerufen werden. Der lead market ist der "Kern des Weltmarktes". In der Telekommunikation gibt es diesen in vielen Fällen allerdings noch nicht, die Unterschiede zwischen den drei Blöcken Nordamerika, Europa und Japan sind noch so hoch, daß jeweilige Marktanpassungen weiterhin erforderlich bleiben oder Standards sich nur letztlich in einer Region durchsetzen. Mit der Deregulierung und der Internationalisierung der Netzbetreiber könnte sich dies jedoch ändern.

Die Konzentration der FuE-Aktivitäten der Konzerne zu sogenannten Kompetenzzentren korrespondiert mit dieser Lead-market-Funktion. Angewandt auf die Telekommunikation hängt die Standortwahl der FuE-Funktion vor allem davon ab, ob

- zusammen mit lokalen Anwendern (Netzbetreiber, Rundfunk) Innovationen für den Weltmarkt entwickelt werden können,
- zusammen mit Wettbewerbern und anderen Unternehmen (Software) in schlagkräftigen Allianzen die Unsicherheit der Technik- und Marktentwicklung reduziert werden kann und
- der Markt über zukünftige Telekommunikationsstandards, Substitutionstechnologien (z.B. Kabel, Satellit, Internet) entschieden wird.

Da die Infrastrukturinvestitionen in der Telekommunikation in der Regel sehr hoch sind, ist die Amortisationsdauer für die Netzbetreiber entsprechend lang. Der technische Fortschritt ist im Vergleich dazu sehr schnell, Innovationen setzen sich z.T. sehr langsam durch, wie z.B. die elektronische Vermittlung (erfunden 1930), die Digitaltechnik (erfunden 1920), das Faxgerät und ISDN. Dies kann dazu führen, daß die Infrastruktur eines Landes, das beim Aufbau die neueste Technologie genutzt hat, gegenüber Ländern, die später mit dem Auf- bzw. Ausbau ihrer Netze begonnen haben und damit die nachfolgende Technologiegeneration nutzen, mit der Zeit wieder veraltet ist. Amortisationsdauer und Inkompatibilitäten machen eine stetige Angleichung an den neuesten Stand der Technik in vielen Fällen unrentabel. Dieses als Leap-frogging bekannte Phänomen bedeutet im Fall der Telekommunikation ein Ablösen der Führungsrolle eines Marktes, wenn das dominierende Kennzeichen eines lead markets der technische Stand der Infrastruktur, also des Telekommunikationsnetzes, ist. Auf der anderen Seite kann in großen Industrieländern der Wettbewerb zwischen verschiedenen Netzbetreibern die Rolle eines verstaatlichten Netzbetreibers ersetzen, dessen Aufgabe es lange war, diese externen Effekte direkt zu berücksichtigen und entgegen privaten Rentabilitätsgesichtspunkten zu investieren. Auch durch den Wettbewerb werden Anreize für das ständige technische Aufrüsten der Netze gesetzt.

Da die Entwicklung und Dynamik der Märkte entscheidend für die Anreize für FuE-Aufwendungen sind, hat die Regulierung des Telekommunikationsmarktes einen erheblichen Einfluß auf die Standortattraktivität. Dort, wo die weiterhin bestehende Regulierung Technikanwendungen im Vergleich zu anderen Ländern behindert, verliert der Markt an Attraktivität. Nach dem letzten Schritt, der Liberalisierung der Festnetze in Europa im Jahr 1998, greift die Regulierung nur noch in wenige Bereiche ein. Wichtig in Bezug auf die Innovationen sind die Frequenzzuteilung, der Daten- und Jugendschutz und die Auflagen der Netzbetreiber der gegenseitigen Netznutzung und des Angebots an Universaldiensten. Eine detaillierte Bewertung der Regulierung für Innovationen kann an dieser Stelle nicht erfolgen. Von einigen Unternehmen ist aber darauf hingewiesen worden, daß die Vergabepraxis der Frequenzen, d.h. die Aufteilung des Frequenzbandes auf Applikationen und Funknetzbetreiber, die Einführung neuer Anwendungen hemmen kann, wenn der dafür benötigte Frequenzbereich schon vergeben ist und von anderen Anwendungen oder Netzbetreibern blockiert wird. Beispiel ist der Funkzugang zum Endkunden (WLL), der für die neuen Netzbetreiber eine Möglichkeit bietet, das Endkundennetz des alten Netzbetreibers zu umgehen. Hier konkurrieren zur Zeit mehrere technische Lösungen, die in den Ländern realisiert werden können, in denen bereits die benötigten Frequenzbereiche für diese Anwendung offenstehen.

Eine Frequenzvergabepolitik, die auf die Möglichkeit der Anwendung neuer Techniken und den höchst innovativen Wettbewerb mehrerer konkurrierender Systeme Rücksicht nimmt, kann hier die Herausbildung eines lead markets fördern. Dabei wird in den USA eine Marktlösung bevorzugt, bei der Frequenzbereiche versteigert werden, ohne vorher einen Anwendungsbereich dafür zu definieren (vgl. Rosston, Steinberg 1997). Hier wird vor allem auf den Innovationen fördernden Wettbewerb zwischen Techniken gesetzt. Es hat sich aber auch gezeigt, daß neue, noch nicht ausgereifte Techniken gegenüber schon etablierten, profitablen Anwendungen bei dem Versteigerungsprinzip im Nachteil sind, und zum Teil die erforderlichen Frequenzbereiche oder Bandbreiten nicht erhalten (siehe z.B. Vitaliano 1997). Für Europa wird bei einigen Unternehmen der Vorteil gesehen, daß hier die Frequenzen staatlicherseits nach Kriterien des lead markets für neue Technologien vergeben werden können.

3.4 Herausbildung regionaler Innovationscluster

Nachdem gezeigt wurde, daß sich die Auslandsaktivitäten in FuE in der Telekommunikation auf einige Länder konzentrieren, ist zu fragen, ob regionale Agglomerationen der FuE-Aktivitäten multinationaler Unternehmen innerhalb dieser Länder auftreten. Zweitens ist zu fragen, ob von Agglomerationen ein zusätzlicher Anreiz zur Ansiedlung von FuE-Aktivitäten in dem entsprechenden Land ausgeht, da das relevante Forschungsumfeld und das industrielle FuE-Potential in der Regel in einem Land regional ungleich verteilt ist. Entscheidend für unsere Fragestellung ist aber, ob Agglomerationseffekte zur Bildung von regionalen Innovationsclustern führen. Die FuE-Agglomerationen entwickeln sich über eine längere Zeit meist durch Wachstum der Unternehmen und durch Neugründungen von Beschäftigten der ansässigen Firmen, sogenannte Spin-offs. Allerdings spielen Direktinvestitionen und FuE-Aktivitäten multinationaler Unternehmen in den meisten früher untersuchten High-Tech-Regionen eine untergeordnete Rolle. Ausländische Unternehmen könnten sogar negativ auf die Dynamik einer Region wirken, wenn sie die Anreize zur Selbständigkeit durch hohe Löhne reduzieren oder ein Innovationsmilieu verhindern, um kein Wissen an die Wettbewerber in der Region zu verlieren (vgl. Castells, Hall 1994, 91f.).

Ein Überblick über die Standorte der FuE-Einheiten multinationaler Unternehmen in den USA, Deutschland, Frankreich, Großbritannien und Japan zeigt in der Telekommunikation ein für drei Gruppen von Ländern charakteristisches Bild:

- Hauptstadtdominanz in Großbritannien, Frankreich, Dänemark und Japan,
- regional konzentrierte und auf einzelne Technologien spezialisierte High-Tech-Agglomerationen in den USA,
- Zentrenvielfalt in Deutschland.

Die Unterscheidung, ob ein Land oder die einzelne Region für die Standortentscheidung für FuE-Einheiten ausschlaggebend war, ist durch die Unterschiedlichkeit der Länder schwer. Aus den Interviews konnte gleichwohl geschlossen werden, daß die Standortentscheidung für FuE-Aktivitäten in der Regel in zwei Schritten erfolgte: Zuerst wird ein Land und dann der Ort der Ansiedlung gewählt. Ein Standortwettbewerb mehrerer Städte oder Regionen unterschiedlicher Länder bestätigte sich in der Fallstudie zur Telekommunikation nicht. Im folgenden werden die wichtigsten regionalen Zentren für FuE-Aktivitäten multinationaler Unternehmen vorgestellt.

USA: Telecom Corridor®

Die meisten Beispiele für Hochtechnologieregionen, also räumliche Agglomerationen von Unternehmen in einer bestimmten Technologie, z.B. der Computertechnik im Silicon Valley, kommen aus den USA. Auch in der Telekommunikation finden sich Regionen in den USA, in denen besonders häufig Unternehmen gegründet werden. Hier siedeln sich auch multinationale Unternehmen an, sie scheinen sogar - anders als im Silicon Valley - eine wichtige Rolle beim Wachstum der Agglomerationen zu spielen. Von 30 FuE-betreibenden Tochterfirmen ausländischer Telekommunikationsunternehmen, die in einer Untersuchung des US Department of Commerce (siehe Dalton, Serapio 1995) erfaßt wurden, sind 6 in Texas, 5 in North Carolina und 5 in Kalifornien angesiedelt. Der Rest verteilt sich auf andere Staaten. Regionale Zentren sind das Research Triangle in North Carolina, die Hochtechnologieregion in Südkalifornien, und vor allem Richardson, ein Vorort von Dallas in Texas. Die Gemeinde Richardson, die sich mittlerweile den Markennamen "Telecom Corridor" gegeben hat, entwickelte sich in den 90er Jahren zum Zentrum der Telekommunikation in den USA. Rund 500 Hochtechnologieunternehmen, die Hälfte davon in der Telekommunikationsindustrie, beschäftigen in der Region knapp 70.000 Personen. Die Wachstumsraten sind weiterhin hoch. Bis zum Jahr 2010 sollen weitere 40.000 Arbeitsplätze geschaffen werden (vgl. o.V. 1997).

Die Anfänge von Richardson als Telekommunikationszentrum reichen bis in die 50er Jahre zurück, als Collins Radio auf Weisung des Verteidigungsministeriums seine Verteidigungselektronik dorthin verlagerte (vgl. Robinson 1995). Zusammen mit Texas Instruments (TI) in Dallas bildete diese Firma, die später von Rockwell übernommen wurde, die Keimzelle einer High-Tech-Region. Von diesen beiden Firmen machten sich Ingenieuren selbständig, die ihr eigenes Unternehmen entlang der Highways um Richardson und Dallas gründeten (vgl. Youtie 1993). Dadurch wurden auch ausländische Firmen angelockt. Schon zu Beginn der Deregulierung in den frühen 80er Jahren sah die kanadische Northern Telecom Marktchancen in den USA. Um in den Markt einzutreten, akquirierte Northern Telecom Danray (1978), ein von einem Ingenieur von Collins Radio gegründeter Hersteller von Vermittlungsgeräten. Wegen der Nähe zu seinen wichtigsten Lieferanten Nortel und Rockwell verlagerte MCI, der erste Wettbewerber zu AT&T im Fernvermittlungsbereich, zuerst Teile und später seine Zentrale 1980 nach Richardson. Nachdem MCI in den 80er und 90er Jahren stark wuchs, siedelten sich mehr und mehr Lieferanten an: Fujitsu war neben Nortel eines der ersten ausländischen Unternehmen, die MCI belieferten, Ericsson folgte etwas später. Auch die deutschen Unternehmen hat der Boom erfaßt: 1997 siedelte Siemens seinen US-Mobilfunkbereich in Richardson an und Bosch übernahm den Bereich Zugangssystem von TI. Von den Ansiedlungen gingen wiederum Spin-offs aus. DCS Communication, der erfolgreichste Newcomer im Geschäft mit Vermittlungselektronik, wurde von einem Beschäftigten von Nortel (vorher Danray) gegründet. Ebenfalls von Danray aus wurde Intercom Inc. gegründet, die von Matra Communications übernommen wurden. Hieraus wurde wiederum Digital Techniques Inc. und Specialized Resources ausgegründet.

Entscheidende Standortfaktoren, die Richardson und Dallas vor anderen Regionen auszeichnen und zu dieser 30-jährigen Entwicklung als High-Tech-Region führten, sind allerdings schwer zu identifizieren. Ein Argument für die Ansiedlung multinationaler Unternehmen ist die zentrale Lage von Texas, die in Verbindung mit dem großen internationalen Flughafen in Dallas sowohl West- als auch Ostküste der USA und andere Länder in gleicher Weise erreichbar macht. Die Hochschulen in Dallas wurden dagegen erst von den dort ansässigen Firmen gegründet, die sich um den Nachwuchs an gut ausgebildeten Ingenieuren sorgten (vgl. Youtie 1993). Entscheidend scheinen jedoch - wie in den anderen High-Tech-Regionen der USA - die Kunden-Lieferanten-Beziehungen und vor allem ein Klima der Mobilität und der Selbständigkeit der Beschäftigten zu sein. Durch die Verfügbarkeit von Venture Capital, häufige Arbeitgeberwechsel und die Unterstützung der Stadtverwaltung konnten viele kleine High-Tech-Firmen entstehen. Diese Vielfalt hat multinationale Unternehmen auf der Suche nach Kompetenz-Akquisitionen und Kontakten zu anderen Unternehmen angezogen. Ein Innovationsmilieu, in dem ein enger Austausch zwischen den Wettbewerbern zu beobachten sei, konnten die in dieser Untersuchung befragten Unternehmen nicht bestätigen. Der lokale Arbeitsmarkt qualifizierter Ingenieure und Manager stelle letztlich das "regionale Kompetenzzentrum" dar.

Großbritannien, Frankreich, Japan: Der Hauptstadtfaktor

Die zentralistisch regierten Länder kennzeichnet auch eine Konzentration der FuE-Aktivitäten der Unternehmen um die Hauptstädte. So entfallen 56 % der gesamten FuE-Aufwendungen in Großbritannien auf die Region South East und über 10 % auf dessen Zentrum London und in Frankreich 52 % auf die Île-de-France, dem Großraum um Paris, das damit die größte FuE-Agglomeration Europas ist (vgl. Beise, Gehrke u.a. 1998, 18f.). Die Telekommunikationsindustrie ist dabei genauso auf die Hauptstadtgroßräume konzentriert. In Japan sind fast 60 % der Ingenieure in der Informationsverarbeitung in der Tokyo-Kanagawa Region angesiedelt (vgl. Castells, Hall 1994, 160f.). Während aber Japan durch die Marktabschottung in der Telekommunikation so gut wie keine FuE-Investitionen ausländischer Unternehmen anzog, konnte sich der Großraum London als das Zentrum in Europa für Direktinvestitionen etablieren. Fast alle großen Telekommunikationsfirmen siedelten sich in den 80er und 90er Jahren entlang der Autobahnen an, die London mit Oxford und Southampton verbinden, ohne sich in einem engeren Gebiet zu konzentrieren. Nach Hall und Preston (1988) war ursprünglich die Anbindung der britischen Telekommunikationsunternehmen an die Militärforschung verantwortlich für die Ballung der Telekommunikations- und Elektronikfirmen in London. In den 50er Jahren zogen die aus London heraus in den Nord-Westen außerhalb der Hauptstadt. Die Vorteile Großbritanniens werden entsprechend den Interviews weniger in dem geringen Lohnniveau der Ingenieure gesehen, sondern vor allem in der hohen Mobilität qualifizierter Beschäftigter im Sinne einer großen Bereitschaft, zu einer ausländischen Firma zu wechseln. Die Konzentration der Telekommunikationsingenieure im Südwesten hat dazu geführt, daß ausländische Unternehmen, die die Marktchancen im früh deregulierten Großbritannien nutzen wollten, sich auch dort ansiedelten. Zudem wird die Nähe zu einem der größten Flughäfen Europas als großer Vorteil hervorgehoben. Auch hier ist der direkte Kontakt der Unternehmen untereinander eher die Ausnahme.

Auch in Frankreich haben sich die dort investierenden Unternehmen in der Regel in oder um Paris angesiedelt, vorzugsweise in der Massy-Region, die den Flughafen Orly einschließt. Wiederum waren die Konzentration der staatlichen Nuklear- und Verteidigungsforschung und der Hochschulen sowie die gute Verkehrsanbindung Gründe für die ursprüngliche Konzentration der französischen Unternehmen in der Informationstechnologie (vgl. Castells, Hall 1994, 156). Diese Konzentration zog wiederum ausländische Unternehmen in diese Region. Ob Paris damit auch die Attraktivität Frankreichs für Direktinvestitionen steigerte, scheint allerdings unwahrscheinlich. Die französische Regierung hat eher versucht, in peripheren Gebieten Unternehmen anzusiedeln. Öffentliche Aufmerksamkeit hat der Ort Sohia Antipolis an der Côte d'Azur auf sich gezogen, dessen Stadtverwaltung sich als "Telecom Valley" tituliert. Obwohl dort mehrere Forschungseinrichtungen, die europäische Standardisierungsbehörde ETSI und nicht zuletzt eine hohe Publizität Direktinvestitionen anziehen sollten, sind FuE-Aktivitäten multinationaler Unternehmen noch immer selten. Die Bilanz nach zwei Jahrzehnten sieht insgesamt ernüchternd aus (vgl. Castells, Hall 1994, 90). Auch die untersuchten Unternehmen haben dort eher Kontakt- oder Vertriebsbüros angesiedelt, eine Investitionsdynamik bildete sich bisher nicht heraus.

Deutschland: Von der *Elektropolis* zu Polyzentren

Bis zu seiner Zerstörung im zweiten Weltkrieg war Berlin das unbestrittene Zentrum der Elektro- und Telekommunikationsindustrie Deutschlands. Siemens, AEG, DeTeWe, Krone, C. Lorenz, Mix & Genest und die Funkaktivitäten von Bosch sind in Berlin gegründet worden. Sie haben Berlin zur Elektropolis Europas gemacht (vgl. Hall, Preston 1988, 124f.). Fast 56 % der gesamten Beschäftigten in der Telekommunikationsindustrie in Deutschland entfielen 1939 auf Berlin. Die schon seit ihrer Gründung internationalisierte ITT siedelte sich 1930 durch die Akquisition von C. Lorenz, der Telefonfabrik Berliner und Mix & Genest in Berlin an (vgl. Sobel 1982, 72). Mit der Teilung und den föderativen Strukturen in Deutschland entstanden keine dominierenden High-tech-Agglomerationen. Durch die regional ausgeglichenere Verteilung der Hochschulen, der Forschungseinrichtungen und der Verwaltung ist keine Region mehr besonders herausgehoben. Die Berliner Telekommunikationsunternehmen siedelten sich in Stuttgart, München, Nürnberg und Frankfurt an oder blieben in Berlin. Auch in der Nachkriegszeit übernahmen die ausländischen Konzerne für ihren Eintritt in den deutschen Markt in der Regel etablierte deutsche Unternehmen. So akquirierte Philips BTS in Darmstadt und TeKaDe in Nürnberg, das 1995 von Lucent übernommen wurde. Sony kaufte sich Wega in Stuttgart und Alcatel übernahm letztlich alle Tochterfirmen von ITT. In den 90er Jahren ging Nortel ein Joint Venture mit Dasa ein.

Erst mit der Liberalisierung siedelten sich auch Unternehmen an, die die Internationalisierung nicht über Firmenübernahmen, sondern durch Gründungen von Niederlassungen vorantreiben. Neugründungen haben eine höhere Bedeutung für die Standortanalyse, da nicht nur Arbeitsplätze geschaffen werden, sondern immer eine Standortwahl getroffen wird, während bei den Übernahmen der Standort eine untergeordnete Rolle gegenüber dem Know-how der zu übernehmenden Firma spielen kann. Auch bei den Neugründungen zeigt sich indes keine dominierende regionale Agglomeration. Ericsson und Nokia siedelten sich mit Vertrieb, Produktion und Entwicklung in der Rhein-Ruhr-Region an, während die japanischen Konzerne Matsushita und NEC im Frankfurter Raum bzw. in Berlin kleinere Forschungszentren errichteten. Bei den Verbundstandorten mit Produktion und Vertrieb ist meist die Nähe zu den wichtigsten Kunden entscheidend. Es zeigte sich aber auch, daß bestehende Standorte, z.B. der des Vertriebs, ein wichtiger Standortfaktor für die nachfolgende Ansiedlung von FuE ist. Denn an einem Standort können Verwaltung und administrative Ressourcen geteilt werden. Es hat sich allerdings auch bei den Forschungsaktivitäten der Unternehmen gezeigt, daß die Nähe zu Kunden und anderen Unternehmen für Informationen über den einzuschlagenden Pfad der Technik- und Nachfrageentwicklungen wichtiger ist als die räumliche Nähe zu (öffentlichen) Forschungseinrichtungen.

In Deutschland ist eine polyzentrische Verteilung der Informationsquellen zu beobachten. Die Rhein-Ruhr-Region ist durch die hohe Wachstumsdynamik der Telekommunikations- und Medien-Landschaft (Otelo, Mannesmann D2, e-Plus, Iridium, VEW Telnet) sehr attraktiv für ausländische Unternehmen, während der Frankfurter Raum mit dem Flughafen und als Industrie- und Dienstleistungszentrum Vorteile bietet. Auch München ist ein Zentrum der Medien- und Informationstechnik in Deutschland. Mit der Vergabe einer Mobiltelefonlizenz an Viag baut einer der Hauptlieferanten (Nortel) bereits seine dortige Niederlassung erheblich aus. Stuttgart scheint dagegen in den 90er Jahren in der Dynamik eingebüßt zu haben - zumindest in der Telekommunikation. Eindeutiger Verlierer ist allerdings das ehemalige Elektropolis Berlin. Trotz einmaliger Forschungsinfrastruktur (Heinrich-Hertz-, Ferdinand-Braun-Institut, Fraunhofer-Institute), einer großen technischen Universität und dem "Hauptstadtbonus", der zukünftigen Nähe zu Ministerien, bleibt Berlin unattraktiv für FuE-Aktivitäten ausländischer Unternehmen. Als Grund wird in den Interviews die geringe Dichte an Informationstechnik- und Medienunternehmen und die geringe Attraktivität der Stadt für hochqualifizierte Ingenieure genannt. Dies weist noch einmal darauf hin, daß eine ausgebaute Forschungsinfrastruktur allein nicht ausreichend ist, um FuE-Aktivitäten multinationaler Unternehmen anzuziehen.

Diese kurze Übersicht hat gezeigt, daß sich FuE-Agglomerationen nicht maßgeblich durch Ansiedlungen ausländischer Unternehmen bilden, sondern erst mit einer gewissen Größe des regionalen Arbeitsmarktes für multinationale Unternehmen attraktiv werden. Entscheidend ist mithin das erste Wachstum. Agglomerationen in den USA wachsen zunächst meist durch Gründungen, Verfügbarkeit von Venture Capital und der Unterstützung engagierter, visionärer Persönlichkeiten (vgl. Castells, Hall 1994) aber auch durch die Nachfrage des Verteidigungsministeriums über einen langen Entwicklungszeitraum. In Großbritannien und Frankreich führt dagegen der Mangel an Alternativen zu einer Ballung FuE-intensiver Direktinvestitionen um die Hauptstädte, während Deutschland auch oder möglicherweise gerade wegen der polyzentrischen Verteilung der FuE-Ressourcen attraktiv ist.

3.5 Attraktivität des FuE-Standorts Deutschland

Die Interviewaussagen zeigen, daß Deutschland nicht nur ein bedeutender Telekommunikationsanbieter auf dem Weltmarkt ist, sondern auch ein wichtiger FuE-Standort, in dem fast alle großen multinationalen Telekommunikationshersteller mit Forschung und Entwicklung präsent sind. Die Attraktivität Deutschlands geht dabei zum einen auf den nach der Liberalisierung entstandenen größten Markt zurück, zum anderen aber auch auf historisch richtig gesetzte Weichenstellungen bei der Marktöffnung.

Die technische Entwicklung der Telekommunikation in Deutschland war bis in die 80er Jahre mit Ausnahme von Siemens stark auf die Bundespost und nicht auf den Weltmarkt ausgerichtet. Bis Anfang der 80er Jahre teilten sich sogenannte Amtsbaufirmen die Aufträge der Bundespost. Siemens hatte in der Vermittlungstechnik die Systemführerschaft und das ausschließliche Exportrecht und den Anreiz, die entwickelten Systeme auch im Ausland zu vertreiben. So hatte Siemens erkannt, daß das in den 80er Jahren entwickelte elektronische Vermittlungssystem EWS im Ausland nicht zu verkaufen sei, da die digitale Vermittlung, an der andere Hersteller (Ericsson, AT&T) schon arbeiteten, erhebliche Vorteile bot. Mit dem Scheitern des EWS-Systems wurde das Beschaffungswesen programmatisch auf weltmarktfähige Produkte umgestellt, was allerdings aufgrund der in den großen Ländern sehr spezifischen Netztechnik zunächst nur in Teilbereichen gelten konnte (Schnöring, Neu 1991, 346). Zweitens wurde das zu entwickelnde digitale System von der Bundespost wettbewerblich ausgeschrieben. Es wurde sogar angeboten, zwei Systeme statt wie früher eine Einheitstechnik einzuführen. Dies erhöhte nicht nur den Innovationswettbewerb in Deutschland, sondern auch die Wahrscheinlichkeit, daß wenigstens eines der Systeme den Weltmarkt erreicht. Zudem zählte nicht mehr nur die technische Qualität, sondern auch der Preis. Die Finanzierung der Entwicklungskosten durch die Hersteller und die Gefahr, letztlich nicht als Lieferant genommen zu werden, erhöhte die Orientierung der Hersteller auf den Weltmarkt schon von Anfang an.

Für die Durchsetzung der digitalen Vermittlungstechnik, ebenso wie für die Hersteller, war diese neue Beschaffungsstrategie der Bundespost letztlich ein großer Erfolg: Die beiden in Deutschland entwickelten Systeme EWSD von Siemens und S12 von SEL sind mittlerweile Weltmarktführer, selbst in den USA ist die Markterschließung nach großen Anpassungsentwicklungen gelungen. Alle Hersteller sind mittlerweile nur mehr bereit, weltmarktfähige Systeme zu entwickeln. Seitens der Deutschen Telekom verspüren sie allerdings noch immer ein Nachfrage nach postspezifischen Lösungen, die auf dem Altnetz der Bundespost aufsetzen. Diese postspezifische Nachfrage ist nun zum Standorthemmnis geworden. Erstens stellt die Vorfinanzierung der FuE-Aktivitäten für den weltmarktorientierten Hersteller ein zusätzliches Risiko dar, was die Anreize für FuE senkt. Zweitens werden, selbst wenn sich nur der Telekom-Auftrag rentieren würde, FuE-Ressourcen im Unternehmen gebunden, die später nicht zu weltmarktfähigen Produkten führen würden. Die Standortattraktivität geht jedoch vom lead user aus. Der lead user ist ein Kunde, der zusammen mit dem Hersteller ein Produkt entwickeln und testen kann, das später auf dem Weltmarkt mit hoher Wahrscheinlichkeit erfolgreich ist.

Im Zeitraum der Deregulierung kann sich vor allem die Marktgröße als Standortfaktor voll entfalten. Der Markt ist groß genug, damit große Telefongesellschaften im Wettbewerb um Innovationen stehen können, und diesen Wettbewerbsdruck auf die Hersteller weitergeben können. Anspruchsvolle und hochpreisliche Nachfrage induziert technologie- und software-intensive Service-Innovationen. Die Wettbewerbsintensität im Mobilfunk wird auch für das Festnetz erwartet. Beim neu geschaffenen Telekommunikationsgesetz ist folgerichtig auch auf die Senkung der Eintrittsbarrieren für neue Wettbewerber geachtet worden (Wegerecht, Interconnection, lokale Anbieter, Universaldienste). Befragt nach den Zukunftsperspektiven für "Forschung und Entwicklung am Standort Deutschland", verweisen die Unternehmen in der Regel auf die günstige Marktentwicklung. Es wird auch erwartet, daß das Gewicht in Europa sich von Großbritannien etwas nach Deutschland verlagert, da hier noch ein Potential aus dem Nachholbedarf durch die verzögerte Deregulierung wartet. Die FuE-Kapazitäten der ausländischen Unternehmen werden bei den relativ neu in Deutschland agierenden Herstellern zur Zeit ausgebaut. Auch innerhalb der Konzerne sind bei den meisten deutschen Standorten überdurchschnittliche Wachstumsraten in FuE zu verzeichnen.

Die weiteren Pluspunkte Deutschlands sind eine gut ausgebaute ISDN-Infrastruktur, digitalisierte Netze und auch die Weiterentwicklung im Rundfunkbereich in Richtung Digitalisierung. Gleichwohl sind dies indirekte Effekte, die erst über das realisierte Marktvolumen positiv bewertet werden. Eine Infrastruktur, die nicht genutzt wird, ist aus Sicht der Unternehmen wertlos. Die nötige Humankapitalausstattung für FuE ist weitreichend in Deutschland vorhanden. Deutschland genießt noch immer ein gutes Renommee in der Telekommunikationstechnik. Im Bereich Software werden hier ebenfalls Stärken in Bezug auf Multimedia-Anwendungen gesehen.

VI. Innovationsstandorte multinationaler Unternehmen und Schlußfolgerungen für die Technologiepolitik (*Guido Reger, Marian Beise und Heike Belitz*)

1. Einflußfaktoren auf die Standortwahl multinationaler Unternehmen in drei Schlüsseltechnologien

Die Internationalisierung der Unternehmen ist in den Technikbereichen unterschiedlich stark fortgeschritten. Unterschiede im Liberalisierungsgrad des internationalen Handels, der Regulierung von Direktinvestitionsströmen, der regionalen Nachfragespezifik, den Größenvorteilen in der Produktion und der Internationalisierung technischen Wissens führen zu diesen Unterschieden des Internationalisierungsgrads. Die Untersuchungen in den drei ausgewählten Technikfeldern haben gezeigt, daß die Internationalisierung der FuE wesentlich von drei Faktoren beeinflußt wird, und zwar von der:

- frühzeitigen Bindung der FuE-Tätigkeit an den führenden innovativen Kunden (lead user) oder den führenden Markt (lead market),
- frühzeitigen Verzahnung der unternehmenseigenen FuE mit wissenschaftlicher Exzellenz und dem Forschungssystem,
- engen Kopplung zwischen Produktion und FuE.

International agierende Unternehmen beziehen bei Standortentscheidungen die gesamte Wertschöpfungskette ein und denken in Prozessen. Kriterien der Standortwahl von FuE sind folglich nicht nur Angebotsfaktoren, wie z.B. eine gut ausgebaute Forschungsinfrastruktur, sondern auch Nachfragefaktoren, die zunehmend eine wichtigere Rolle in den Unternehmensentscheidungen spielen. Erst durch die Verknüpfung verschiedener Elemente der Wertekette können international schwer transferierbare Leistungsverbünde geschaffen werden und sich die Bundesrepublik in ausgewählten Bereichen als langfristiger Standort für internationale Kompetenzzentren etablieren.

Die Bedeutung von führenden Märkten für die Verankerung bestehender und die Neuansiedlung industrieller FuE-Aktivitäten hat zugenommen. Ein Set aus folgenden Elementen kennzeichnet im allgemeinen einen lead market (vgl. Gerybadze, Meyer-Krahmer, Reger 1997, 209 ff.):

(1) eine Nachfragesituation, die durch hohe Einkommens- und niedrige Preiselastizitäten oder ein hohes Pro-Kopf-Einkommen geprägt ist,

(2) eine Nachfrage mit hohen Qualitätsansprüchen, großer Bereitschaft, Innovationen aufzunehmen, Innovationsneugier und hoher Technikakzeptanz,

(3) gute Rahmenbedingungen für rasche Lernprozesse bei Anbietern,

(4) Zulassungsstandards, die wegweisend für Zulassungen in anderen Ländern sind,

(5) ein funktionierendes System des Explorations-Marketing (Lead-user-Prinzip),

(6) ein spezifischer, innovationstreibender Problemdruck,

(7) offene, innovationsgerechte Regulierung und

(8) intensiver Wettbewerb.

Die Lead-market-Funktion eines Marktes ist entscheidend für Innovationen, die erst in engem Kontakt mit anspruchsvollen, innovativen Kunden heranreifen. In Technikfeldern mit hoher Wissenschaftsbindung sind die Ergebnisse der wissenschaftlichen Forschung eine treibende Kraft für die Internationalisierung von Innovationsprozessen. In beiden Fällen, den wissenschafts- und kundengetriebenen Innovationen, ist die regionale Nähe zu den externen Partnern, wie Kunden, Wettbewerbern und wissenschaftlichen Einrichtungen, vorteilhaft. Bei einer engen Verzahnung von Produktion und FuE-Aktivitäten folgt die Internationalisierung der FuE der Internationalisierung der Produktion. Letztere ist dann die beherrschende Triebkraft der FuE-Internationalisierung.

Ein zentrales Ergebnis unserer Untersuchung ist, daß die entscheidenden Einflußfaktoren auf die Internationalisierung von Forschung und Entwicklung unterschiedlich sind. Dies gilt sowohl *zwischen* den drei betrachteten Technikbereichen als auch *innerhalb* jedes Technikfelds (vgl. Tab. VI.1-1). Die Unterschiede zwischen den Technikbereichen bestehen darin, daß die Internationalisierung der FuE in der Pharmazeutik viel stärker von der Forschungsinfrastruktur beeinflußt wird als in der Halbleiter- und Telekommunikationstechnik. Zudem hat in beiden zuletzt genannten Technikfeldern die Nähe zur Produktion, zumindest in Teilbereichen, eine höhere Bedeutung für die FuE-Standortwahl als in der Pharmazeutik.

Tabelle VI.1-1: Einflußfaktoren auf die Internationalisierung von FuE in drei ausgewählten Technikfeldern

Bedeutung der Kopplung von FuE und	Pharmazeutik		Halbleitertechnik		Telekommunikations-technik	
	Präklinik	Klinische Forschung	Prozeß-entwicklung	Produkt-entwicklung	Hardware-entwicklung	Software-entwicklung
Lead market	niedrig	sehr hoch	niedrig	sehr hoch	hoch	sehr hoch
Forschungs-infrastruktur	sehr hoch	hoch	hoch	niedrig	niedrig	niedrig
Produktion	niedrig	niedrig	hoch	niedrig	hoch	niedrig

In der *Pharmazeutik* muß deutlich zwischen der Präklinik und der klinischen Forschung unterschieden werden (vgl. Tab. VI.1-1): In der Präklinik treibt die wissenschaftliche Entwicklung und in der klinischen Forschung der lead market die Innovationsdynamik voran und beeinflußt somit die FuE-Standortentscheidungen sehr stark; die Nähe zur Produktion hat dagegen für die Internationalisierung beider FuE-Aktivitäten, Präklinik und klinische Forschung, nur eine geringe Bedeutung. Die Innovationsdynamik der *Halbleitertechnik* ist bei der Produktentwicklung erheblich durch lead markets getrieben, während die Nähe zur Forschungsinfrastruktur und Produktion eine niedrige Bedeutung hat. Dagegen spielt für die Prozeßentwicklung in der Halbleitertechnik der lead market eine geringe, die Forschungsinfrastruktur und die Nähe zur Produktion eine große Rolle. In der *Telekommunikationstechnik* entfällt der überwiegende Teil der FuE-Aktivitäten auf die Softwareentwicklung; hier beeinflußt der lead market erheblich die FuE-Internationalisierung, während der Einfluß der Forschungsinfrastruktur oder der Produktion niedrig ist. Bei der Hardwareentwicklung in der Telekommunikation wirkt der lead market und die Nähe zur Produktion stark auf die FuE-Internationalisierung, wohingegen die Bedeutung der Forschungsinfrastruktur gering ist.

Im folgenden werden die kurz genannten Unterschiede für die drei Technikbereiche im Detail dargestellt.

1.1 Pharmazeutik

Die Pharmazeutik im Bereich der forschenden Arzneimittelhersteller kann als wissenschaftsbasierter Sektor charakterisiert werden. Kennzeichen dieser Wissenschaftsbasierung sind, daß (1) Innovationen stark auf den Ergebnissen der Grundlagenforschung basieren, (2) die Durchführung eigener FuE für die Innovations- und Wettbewerbsfähigkeit der Firmen von entscheidender Bedeutung ist und (3) Hochschulen und andere Forschungseinrichtungen eine wichtige Informationsquelle für Innovationen darstellen. Die pharmazeutische Industrie hat im Vergleich mit anderen Branchen einen sehr hohen Internationalisierungsgrad bei der Forschung und Entwicklung. Dies betrifft sowohl den hohen Anteil der Patente mit ausländischer Herkunft und der FuE-Aufwendungen im Ausland als auch verschiedene Instrumente des Technologieerwerbs wie Firmenkauf, Joint Ventures und die Anwerbung qualifizierten Personals, bei denen das Ausland eine große Rolle spielt. Gerade an der Schnittstelle zur Biotechnologie ist die Wissensgenerierung hochgradig international geprägt.

Bei den Einflußfaktoren auf die Standortwahl von FuE muß deutlich zwischen der Präklinik und der klinischen Forschung unterschieden werden (vgl. Tab. VI.1-1). In der Präklinik (explorative Forschung und chemische Entwicklung) treibt die wissenschaftliche Exzellenz und neuste Forschungsergebnisse die Generierung neuer Arzneimittel voran. An der Schnittstelle Pharmazeutik/ Biotechnologie wirken exzellente Universitäten bzw. andere Forschungseinrichtungen und Biotech-Gründerfirmen auf die Innovationsdynamik. Wichtig ist hier, daß sämtliche Akteure über hohe Kooperations- und Managementfähigkeiten verfügen und keine Barrieren zwischen den verschiedenen Institutionen bestehen, da ansonsten der Wissens- und Technologietransfer nicht effektiv stattfinden kann. Die Exzellenz der regionalen Forschung in Form von innovativen, forschenden Gründerfirmen, Universitäten, Kliniken und anderen Forschungseinrichtungen bietet weit mehr Anreize für die Ansiedlung der Forschungsaktivitäten multinationaler Unternehmen als in den beiden anderen untersuchten Technikfeldern.

In der klinischen Forschung (u.a. pharmazeutischen Entwicklung, klinische Studien Phase I, II, III) ist eine enge Kopplung mit dem lead market der entscheidende Standortfaktor. Eine hohe quantitative und qualitative Bedeutung des Markts für das jeweilige Produkt ist ebenso wichtig wie eine gute Zusammenarbeit mit der Zulassungsbehörde, eine hohe Transparenz der Zulassungskriterien und die entsprechende Infrastruktur in den Kliniken zur professionellen Durchführung der klinischen Studien.

Abbildung VI.1-1: "Stylized Facts": Organisation von Forschung und Entwicklung in einem hochinternationalisierten Pharmaunternehmen

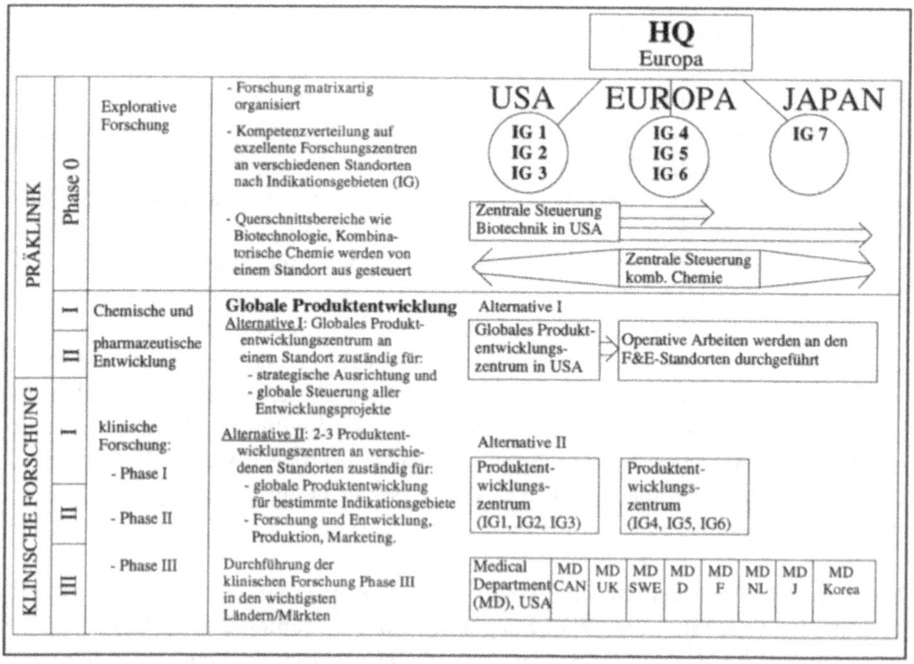

Eine enge Kopplung der FuE-Aktivitäten an die Produktion ist bei forschenden Arzneimittelherstellern nur ein geringer Einflußfaktor für die FuE-Standortwahl. Die Herstellung ist meist relativ unabhängig von der FuE organisiert. In einigen Interviews wurde allerdings darauf hingewiesen, daß bei bio-/ gentechnisch hergestellten Medikamenten die Verzahnung von Forschung und Produktion zunimmt.

Hoch internationalisierte Pharmaunternehmen verfolgen in der Regel ein Konzept der "Triadisierung" ihrer Standorte, in das auch die FuE-Aktivitäten eingebunden sind. Abbildung VI.1-1 zeigt schematisch und vereinfacht dargestellt zwei mögliche Triade-Organisationsmodelle der Forschung und Entwicklung auf, die bei hochinternationalisierten Pharmaunternehmen aus Westeuropa in unseren Unternehmensanalysen gefunden wurden. Wiederum muß nach den Phasen des Innovationsprozesses unterschieden werden, und zwar zwischen der Präklinik (insbesondere der explorativen Forschung) und der klinischen Forschung. Die explorative Forschung ist meist matrixartig organisiert: Hier findet nach Indikationsgebieten eine Kompetenzverteilung auf wenige (2-5) exzellente Forschungszentren statt. Dazu werden Querschnittsbereiche wie Biotechnologie, kombinatorische Chemie oder andere Methoden definiert, die zentral und weltweit von einem Standort aus für den Konzern gesteuert werden.

Die Produktentwicklung wird nicht mehr vom Stammland aus sondern global gesteuert. Hierbei gibt es zwei organisatorische Alternativen (vgl. Abb. VI.1-1): Bei der ersten Alternative wird ein globales Produktentwicklungszentrum an einem Standort errichtet, das weltweit für die strategische Ausrichtung und die Steuerung aller Entwicklungsprojekte verantwortlich ist; diesem Organisationsmodell liegt der Gedanke einer globalen Steuerung bzw. Koordination der Produktentwicklung zugrunde. Bei der zweiten Alternative werden 2-3 Produktentwicklungszentren an verschiedenen Standorten weltweit etabliert, die jeweils für bestimmte Indikationsgebiete die globale Verantwortung für die Produktentwicklung besitzen; diesem Organisationsmodell liegt stärker der Gedanke der Verbindung der Elemente der Wertekette an einen Standort zugrunde. Bei beiden Alternativen werden die klinischen Studien der Phase II und III in den wichtigsten Ländern bzw. Märkten auf der *operativen* Ebene vor Ort durchgeführt.

Aus Sicht eines Landes oder einer Region ist die Etablierung eines Forschungszentrums oder globalen Produktentwicklungszentrums von großer Bedeutung, da hier die oben beschriebenen schwer transferierbaren Leistungsverbünde geschaffen werden. Die langfristige Standortbindung steigt noch erheblich an, wenn Forschungs- und Produktentwicklungszentrum an einem Ort oder in einer Region zusammenfallen. Dies ist beispielsweise bei ausländischen Pharmafirmen (z.B. Hoechst Marion Roussel, Hoffmann-LaRoche) in den regionalen Innovationsclustern in den USA der Fall.

1.2 Halbleitertechnik

In der Halbleitertechnologie ist die Wissenschaftsbindung vor allem in der Produktentwicklung gering (vgl. Tab. VI.1-1). Die Technologie entstand von Beginn an vorwiegend in den Entwicklungslabors der Großunternehmen, in den USA auch in kleinen, neu gegründeten Unternehmen, die mit dem Markt für Halbleiterbauelemente wuchsen. Mit der Diffusion der Technik in verschiedene Anwendungsbereiche wächst die Bedeutung der Zusammenarbeit der Halbleiterhersteller mit den Kunden, die über das Systemwissen verfügen. Diese innovativen Unternehmen schaffen Märkte für neue Produkte, in denen die enge Kooperation mit den Halbleiterherstellern und damit auch die räumliche Nähe Voraussetzung für die Wettbewerbsfähigkeit der Partner ist. Somit ist die Nähe zu den führenden Märkten die entscheidende Triebkraft für die Internationalisierung der Entwicklung von anwendungsspezifischen Produkten (eingebetteten Chips) in der Halbleitertechnologie. In den letzten Jahren sind solche führende Märkte für Halbleiterbauelemente in Europa beispielsweise in den Bereichen Automotive, Telekommunikation und Smart Cards entstanden. Vor allem Halbleiterunternehmen, die bislang wenig internationalisiert waren und auf wenige Anwendungsbereiche (z.B. den PC-Bereich oder die Unterhaltungselektronik) konzentriert waren, müssen im Zuge ihrer Diversifizierung auch im Ausland in den lead markets Entwicklungskapazitäten aufbauen. Da schätzungsweise über zwei Drittel der FuE-Aufwendungen der Halbleiterhersteller auf die Produktentwicklung entfallen und die FuE-Aktivitäten dieser Industrie bisher relativ wenig internationalisiert sind, ist mit einer stark zunehmenden FuE-Internationalisierung zu rechnen. Davon können die Standorte in führenden Märkten profitieren, wenn sie über ein Potential an qualifizierten Ingenieuren verfügen.

Die Prozeßentwicklung findet in der Halbleitertechnologie zum Teil an den Produktionsstandorten statt, wo neue Prozeßtechniken und neue Produkte in den Produktionsprozeß übergeführt werden. Die multinationalen Unternehmen unterhalten oder errichten in allen Triaderegionen kapitalintensive Fabriken. Allerdings ist die Produktion an wenigen Standorten konzentriert, wobei oft von den Unternehmen strukturschwache Regionen gewählt werden, da sie dort von der staatlichen Investitionsförderung profitieren. Von der weiteren Internationalisierung der Produktion der Halbleiterhersteller dürften jedoch vergleichsweise geringe Impulse zur Internationalisierung der Prozeßentwicklung ausgehen, da diese noch überwiegend an den Heimatstandorten der Unternehmen in Forschungslabors durchgeführt wird.

1.3 Telekommunikationstechnik

In der Telekommunikationstechnik ist der überragende Einflußfaktor auf die Internationalisierung die Nähe zu den führenden Märkten, auf denen neue Technologien zuerst eingesetzt werden (vgl. Tab. VI.1-1), die sich auch in anderen Ländern oder sogar weltweit durchsetzen können. Dabei spielt der Prozeß der Standardisierung, ohne die eine breite Kommunikationsvernetzung nicht möglich ist, als verstärkender Effekt eine entscheidende Rolle. Die Wissenschaftsbindung der Telekommunikation ist nur in technologisch neuen Teilfeldern zu beobachten, z.B. in der Datenkommunikation. In der Regel verfügen die Großunternehmen durch langjährige Forschung über genügend interne Kompetenz zur Weiterentwicklung der Telekommunikationsgeräte. Innovationen sind stark auf die Applikations- und Anwendungsseite hin orientiert. Die öffentliche Grundlagenforschung ist hier von untergeordneter Bedeutung. Die regionale Nähe zu den Forschungseinrichtungen läßt sich damit nicht in einen entscheidenden Entwicklungsvorsprung für die Unternehmen umsetzen, wenn keine Ankopplung an die führenden Markttrends gegeben ist.

Die Kopplung von Produktion und Forschung ist in der Telekommunikation nur noch in geringem Ausmaß zu beobachten. Vor allem durch den hohen Anteil der Software, auf die schon zwei Drittel der Wertschöpfung entfallen, ist die Trennung von FuE-Aktivitäten und Apparateproduktion weit mehr möglich als in Technologien, die stärker auf die Erprobung von Prototypen und die Interaktion zwischen Produktion und Produktentwicklung aufbauen. Da die Softwareentwicklung in der Regel von der Hardware unabhängig ist, läuft die Internationalisierung der Softwareentwicklung unabhängig von der Internationalisierung der Produktion ab. Die FuE-Aktivitäten sind sogar vielfach stärker international verteilt als die Produktion. Die Hardwareentwicklung (Produktentwicklung) ist in vielen Fällen weiterhin an einem Produktionsstandort des Konzerns konzentriert.

2. Konsequenzen für die staatliche Bildungs- und Technologiepolitik

2.1 Pharmazeutik

Die hohe quantitative Bedeutung des deutschen Markts für Pharmazeutik - drittgrößter Markt nach den USA und Japan, größter Markt in Europa - steht im Widerspruch zur mangelnden Attraktivität des deutschen Standorts aus der Sicht der forschenden Pharmaunternehmen. Die Analyse der Patente, der OECD-Daten zu Produktion und FuE und der Unternehmensinterviews sowie andere Studien weisen darauf hin, daß sich die Situation des Standorts Deutschland bei den Pharmazeutika als ungünstig darstellt. Diese Entwicklung hat sich seit den 80er Jahren verschlechtert und dürfte sich auch nicht in einem kurzen Zeitraum umkehren lassen. Die Position des deutschen Pharma-Standorts ist insbesondere an der Schnittstelle zur Biotechnologie ungünstig. In diesem wichtigen Teilbereich nehmen die Vereinigten Staaten weltweit die dominierende Stellung ein.

Die USA gelten weltweit als dynamischer und innovativer Markt im Pharmabereich, die amerikanische Food and Drug Agency (FDA) ist der Trend- und Standardsetter für klinische Prüfverfahren und Zulassungen. Die drei regionalen Innovationscluster in der Greater Boston Area, in San Franzisko/ San Diego und der Mid-Atlantic Region können insbesondere an der Schnittstelle Pharmazeutik/ Biotechnologie als einzigartige Cluster mit ausgesprochen hoher Attraktivität für ausländische Arzneimittelhersteller gelten. Insbesondere an dieser Schnittstelle kann die USA als lead market bezeichnet werden, hier haben sich in den regionalen Clustern fest verankerte Leistungsverbünde gebildet. Kennzeichen dieses lead markets und der sich in diesem Umfeld etablierten Innovationscluster sind:

(1) Eine hohe Nachfrage, die durch ein hohes Einkommen geprägt ist: Mit einem Pro-Kopf-Verbrauch von Arzneimitteln zu Herstellerabgabepreisen in Höhe von ca. 235 $ liegen die USA hinter Frankreich mit ca. 265 $ an zweiter (Deutschland: 217 $).

(2) Eine hohe Bereitschaft, neue Arzneimittel aufzunehmen und eine hohe Akzeptanz der Bio- bzw. Gentechnologie.

(3) Gute Rahmenbedingungen für rasche Lernprozesse und effektiven Technologietransfer zwischen Wissenschaft, Gründerfirmen und großen Pharmaunternehmen.

(4) Wegweisende Trends bei klinischen Prüfprozeduren und Zulassungsverfahren durch die amerikanische FDA, die in anderen Ländern Standards setzen.

(5) Hoher Innovationsdruck durch wissenschaftliche Exzellenz an den Universitäten/ Kliniken, anderen Forschungseinrichtungen und der zahlreichen Biotech-Gründerfirmen.

(6) Offene und innovationsfördernde Regulierung.

(7) Intensiver Wettbewerb innerhalb der regionalen Innovationscluster.

Für eine Verbesserung der deutschen Situation muß die Bildungs- und Technologiepolitik wiederum die Besonderheiten von Präklinik und klinischer Forschung bedenken. Im Bereich der *Forschung (Präklinik)* muß zudem insbesondere die Schnittstelle Pharmazeutik/ Biotechnologie berücksichtigt werden. Eine alleinige Ausrichtung der Politik auf die Verbesserung der Forschungsinfrastruktur ist allerdings nicht ausreichend. Vielmehr muß das Vorhandensein und Zusammenspiel verschiedener Akteure innerhalb einer Region im Focus stehen; der räumliche Begriff der Region kann hierbei sehr unterschiedlich gefaßt sein. Folgende Aspekte sind zum Aufbau regionaler Biotech-Cluster für den Bereich der Präklinik von Bedeutung:

- Ein großes Innovationspotential kommt von Seiten regionaler "Start ups", die im Sinne eines effektiven Technologietransfers besondere Aufmerksamkeit verdienen.

- Exzellente Universitäten/ Kliniken stellen den wissenschaftlichen Nährboden für die Biotech-Gründer dar; die Bereitschaft zur Kooperation mit der Industrie und entsprechende Professionalität der öffentlichen Forschungseinrichtungen stellen eine wichtige Voraussetzung dar.
- Zur Finanzierung und Managementberatung sind spezialisierte Beteiligungsgesellschaften/Venture Capital Funds - am besten vor Ort - notwendig.
- Der Ausbau von einer "Forschungsboutique" hin zum forschenden Pharmahersteller kann aufgrund der notwendigen erheblichen finanziellen und zeitlichen Vorleistungen nur wenigen Biotech-Gründern gelingen. Große Unternehmen sind die wichtigsten Kunden der Biotech-Firmen und können durch Lizenzkauf oder Förderung von Forschungsvorhaben das weitere Firmenwachstum stützen. Die Unternehmensstrategie von Biotech-Gründerfirmen muß sich folglich insbesondere auf diese Kunden ausrichten.
- FuE-Zentren in- bzw. ausländischer Großunternehmen in der Region verstärken das Innovationspotential und erleichtern die Kontakte mit Biotech-Firmen.
- Generell gilt, daß die Kooperation zwischen Industrie und Wissenschaft verbessert werden muß. Zudem ist die grundlegende Forschung zur Hervorbringung von innovativen Arzneimitteln und Therapien in der Pharmaindustrie als wissensbasiertem Sektor von sehr hoher Bedeutung. Entstandene Lücken müssen identifiziert und geschlossen werden.

Diese Vorschläge beziehen sich mit Ausnahme des letzten Punkts auf die Schnittstelle zwischen Biotechnologie und Pharmazeutik. Aufgrund der hohen Bedeutung der Biotechnologie als Schlüsseltechnologie für die Entwicklung neuer Therapeutika und der großen Anziehungskraft der USA, insbesondere der drei regionalen Innovationscluster, ist diese Pointierung notwendig. Zusammenfassend läßt sich festhalten, daß für die Etablierung regionaler Biotech-Cluster entscheidend die Förderung des Zusammenspiels verschiedener Akteure innerhalb einer Region ist. Hierzu gehören neben dem "wissenschaftlichen Nährboden" durch exzellente Universitäten und Kliniken, die Gründerfirmen in der Region, die einen effektiven Technologietransfer zwischen wissenschaftlichen Erkenntnissen und großen Pharmafirmen leisten sollen, spezialisierte Beteiligungsgesellschaften für die Finanzierung und Managementberatung der Start ups und die großen Pharmafirmen, die die entsprechenden Management- und Finanzressourcen zur Umsetzung der Markteinführung besitzen.

Bezüglich der Standortattraktivität hat die *klinische Forschung* eine hohe Bedeutung für die Markteinführung: Durch die Prüf- und Testverfahren kommen Ärzte und Kliniken mit neuen Arzneimitteln zum ersten Mal in unmittelbaren Kontakt und werden für das neue Produkt sensibilisiert. Klinische Forschung wird von den befragten Unternehmen in fast allen westeuropäischen Ländern, in den USA und Kanada sowie in Japan durchgeführt. Entsprechend des europaweiten Zulassungsverfahrens ist es nicht erforderlich, daß klinische Prüfungen in Deutschland durchgeführt werden. Durch Positivbeispiele von Ländern wie Großbritannien, Niederlande oder Schweden und konzerninternem Benchmarking gerät die klinische Forschung (insbesondere die Phase II und III) in Deutschland erheblich unter Druck. Ansatzpunkte der Politik für die Verbesserung dieser Situation sind:

- Die Verbesserung der Kooperationsbeziehungen zwischen Industrie und Universitäten/Kliniken.
- Die Vermittlung von Grundkenntnissen des Managements im Klinikbereich (z.B. Good Clinical Practices, GCP) bereits im Studium.
- Die Bildung von Kompetenzzentren für klinische Studien mit der erforderlichen Infrastruktur (spezialisierte Prüfärzte und ausgebildete "study nurses"). In diesem Zusammenhang ist die Entwicklung eines Berufsbilds für entsprechende Krankenschwestern sinnvoll.
- Die Zusammenarbeit zwischen Industrie und Zulassungsbehörden sollte verbessert werden. Zum Abbau von Vorbehalten auf der operativen Ebene bietet sich beispielsweise ein zeitlich befristeter Personalaustausch zwischen Unternehmen und Zulassungsbehörden an.

Insgesamt wird für die Bildungs- und Technologiepolitik im Bereich Pharmazeutik ein Handlungsbedarf zur Verbesserung der deutschen Wettbewerbssituation gesehen. Jüngste Politikansätze wie der BioRegio-Wettbewerb wurden von den befragten Unternehmen als Schritt in die "richtige Richtung" begrüßt. Andere neue Maßnahmen des BMBF wie die Förderung der "Koordinierungszentren für Klinische Studien" sind den befragten Arzneimittelherstellern in der Bundesrepublik (noch) nicht bekannt. Die Verbesserung des deutschen Standorts muß mit einer mittel- bzw. langfristigen Perspektive erfolgen, da die Investitionsentscheidungen der Unternehmen in längerer Perspektive erfolgen und nicht ad hoc umgekehrt werden. Die "selbstzerfleischende" Debatte über den Standort Deutschland und die Betonung der Risiken der Biotechnologie hatte aus Sicht der Firmen eher negative Wirkungen, und die Situation in Deutschland nicht voran gebracht. Die deutschen Pharmafirmen, und dies machen unsere Patentanalyse und die Interviews deutlich, hatten lange Zeit Schwierigkeiten, sich neue wissenschaftliche Erkenntnisse zu erschließen und die Bedeutung der "emerging technology" Bio-/ Gentechnik richtig einzuordnen. Bei vielen deutschen Pharmafirmen ist daher von einer "nachholenden Entwicklung" zu sprechen. Die ungünstigen Rahmenbedingungen und die organisatorischen Schwierigkeiten der Pharmaunternehmen ("organisational inertia") bedingte gerade in den 80er Jahren das Zurückbleiben des Standorts Deutschland an der Schnittstelle Pharmazeutik und Bio-/ Gentechnik.

2.2 Halbleitertechnik

Die Untersuchung in der Halbleitertechnologie zeigt beim Engagement ausländischer Unternehmen im Gastland einen engen Zusammenhang zwischen Markt, Produktion am Standort und dem Aufbau von FuE-Aktivitäten. Für die Forschungs- und Technologiepolitik ergibt sich daraus die Schlußfolgerung, gemeinsam mit anderen Politikbereichen, z.B. der Wirtschaftspolitik, auf regionaler und nationaler Ebene die Ansiedlung von multinationalen Unternehmen mit Produktion, Entwicklung, Vertrieb, Marketing zu unterstützen. Besonders an bestehenden Standorten der multinationalen Konzerne werden häufig FuE-Funktionen angekoppelt, wenn sich ein führender Markt entwickelt. Wenn sich die Rahmenbedingungen für die Produktion verschlechtern, ist dies längerfristig auch eine Gefahr für den FuE-Standort. Allerdings zeigen sowohl die Investitionen an den "alten" Produktionsstandorten ausländischer Unternehmen in Deutschland als auch die Neuansiedlung von Siemens und AMD in Dresden, daß die Produktionsbedingungen für Halbleiterbauelemente in Deutschland gut sind. Im Ansiedlungswettbewerb für neue Waferfabriken multinationaler Unternehmen haben gegenwärtig aber nur die Standorte in Europa eine Chance, die über die staatliche Investitionsförderung hinaus zusätzliche Anreize setzen.

Die große Anziehungskraft von lead markets auf die FuE-Einheiten multinationaler Unternehmen führt zur Frage, wie die Politik auf die Entstehung führender Märkte Einfluß nehmen kann. Da Halbleiterbauelemente Vorleistungsgüter sind, ist ein direkter Einfluß, etwa durch staatliche Nachfrage, nicht möglich. In den Anwendungsbereichen können führende Märkte von der Politik nicht "erzeugt" werden, aber die Rahmenbedingungen für lead markets werden politisch beeinflußt. So stellen Sicherheits- und Abgasvorschriften für Automobile neue Anforderungen an die Entwicklung der Automobilelektronik, welche die Entwicklung von Produktinnovationen nach sich ziehen. Die Standardisierung von Telekommunikationstechnik wirkt auf den regionalen Markt und indirekt auch auf die Entwicklung der Halbleitertechnik. Natürlich fördert oder hemmt auch die volkswirtschaftliche Nachfrageentwickung die Märkte für neue Produkte und Leistungen, wenngleich ein Merkmal von führenden Märkten gerade ihre weitgehende Unabhängigkeit von der aktuellen Konjunktur ist.

Auch bei den Halbleiterunternehmen zeigt sich, daß ausreichend verfügbares qualifiziertes Personal für FuE der wichtigste Ausstattungsfaktor eines Landes und einer Region ist. Das Bildungssystem muß sich auf die Anforderungen aus der fortschreitenden Internationalisierung einstellen und sowohl ausländische Studenten ausbilden als auch deutsche Studenten für den Einsatz im Ausland vorbereiten. Auch der Arbeitsmarkt sollte die Beschäftigung von ausländischen Ingenieuren in der Bundesrepublik ermöglichen. Der Rückgang der Zahl der Studienanfänger in technischen und naturwissenschaftlichen Disziplinen in Deutschland sollte aufgehalten werden. Hierbei kommt allerdings auch den Unternehmen eine Verantwortung zu, die in den letzten Jahren in großem Umfang auch qualifiziertes Personal aus Entwicklungsbereichen abgebaut und zum Teil eine undifferenzierte Abwertung des Industriestandortes Deutschland in der Öffentlichkeit unterstützt haben. So wurden Signale an den Arbeitsmarkt gegeben, die die Wahl der Studienfächer im Sinne der forschungsintensiven Industrien negativ beeinflußt haben. Im übrigen sind auch weiche Standortfaktoren, welche die Lebensqualität erhöhen, wichtig für die Anziehung führender Manager und Ingenieure multinationaler Unternehmen aus dem Ausland.

Die Halbleitertechnologie ist nicht stark wissensbasiert, d.h. die Nähe zu Forschungseinrichtungen ist kein bedeutender Standortfaktor und hat auch nur einen geringen Einfluß auf die Internationalisierung. Dieses schließt keinesfalls aus, daß auch die Halbleiterhersteller in FuE-Projekten mit Forschungsinstituten und Universitäten kooperieren. Die in den Unternehmensgesprächen gelegentlich geäußerte Kritik an der unzureichenden Kooperationsfähigkeit der Universitäten sollte Anlaß sein, zu prüfen, wie die Effizienz dieser Zusammenarbeit verbessert werden kann.

Da Deutschland und Europa in der Halbleitertechnologie auf den Handel mit diesen Hochtechnologieprodukten und das Know-how weltweit führender ausländischer Unternehmen angewiesen sind, die sich zum Vorteil des Standorts hier ansiedeln, sollte die Politik die weltweite Marktöffnung, den Wettbewerb zwischen den Anbietern und die Gleichbehandlung ausländischer und einheimischer Unternehmen an allen Standorten fördern. Maßnahmen wie der Abbau der Einfuhrzölle für Halbleiterprodukte in Europa und die Investitionsförderung für die Ansiedlung des US-amerikanischen Unternehmens AMD in Dresden sind in diesem Sinne der Gleichbehandlung positiv zu bewerten.

2.3 Telekommunikationstechnik

In dieser Studie wurde für das Ausmaß und den Inhalt der ausländischen FuE-Aktivitäten in der Telekommunikation die Lead-market-Funktion eines Landes als dominanter Standortfaktor herausgearbeitet. Forschungs- und Entwicklungsaktivitäten ausländischer Unternehmen werden mit starkem Bezug zum regionalen Markt und zu den allgemeinen Investitionsbedingungen getroffen. Eine gut ausgebaute Forschungsinfrastruktur allein hilft hier wenig. Der boomende Markt in Deutschland und den angrenzenden Ländern hat Telekommunikationsunternehmen wie Motorola, Ericsson und Nokia dazu bewogen, in Deutschland in FuE und - gegen den allgemeinen Trend - in Produktion zu investieren. Die Lead-market-Funktion in der Telekommunikation zeichnet sich aus vor allem durch

- einen intensiven Wettbewerb zwischen Diensteanbietern und zwischen Geräteherstellern und eine marktwirtschaftliche Ordnung in allen Teilbereichen der Telekommunikation,

- Nachfragebedingungen, die dem weltweiten Bedarf nach Sprach- und Datenkommunikation entsprechen, und nicht rein landesspezifisch sind,
- eine große Nachfrage nach Kommunikationsleistungen,
- eine innovationsgerechte Regulierung.

In der Telekommunikation kann nach den Ergebnissen dieser Studie für die Bildungs- und Technologiepolitik geschlossen werden: Wettbewerbsförderung ist - gemeinsam mit einem hervorragenden Ausbildungssystem - die beste Innovationsförderung. Hier ist die Bewahrung der neugeschaffenen wettbewerblichen Marktstrukturen für die Innovationsintensität, und damit die Wettbewerbsfähigkeit der Unternehmen in Deutschland besonders wichtig. Mit der Umsetzung einer wettbewerblichen Ordnung aller Telekommunikationsdienstleistungen in Europa wurde die richtige Weichenstellung getroffen. Die Technologiepolitik in der Telekommunikation ruht zum anderen auf den Schultern des Telekommunikationsministeriums respektive der neu geschaffenen Regulierungsbehörde, denn Regulierung der technischen Randbedingungen ist weiterhin nötig. Die Vergabepraxis der Frequenzen setzt Rahmenbedingungen für den Markt. Sie hat einen Einfluß auf die Umsetzungsmöglichkeiten neuer Technologien und Dienstleistungen in der Telekommunikation. Eine innovationsorientierte Regulierung nimmt Rücksicht auf die technischen Anforderungen neuer Technologien.

Die Lead-market-Funktion in einer reifen Technologie wie der Telekommunikation kann nur der Markt selbst ausüben. Der Staat kann den lead market nicht "herbeiführen", denn er kennt nicht die Bedürfnisse der Unternehmen. Der Staat kann indes die Entstehung begünstigen. Ansatzpunkte dafür sind die

- Förderung einer frühen Transparenz der Nachfragepräferenzen statt Regulierung,
- Ermöglichung neuer Anwendungen und technischer Alternativen statt Festlegung oder Subventionierung einer Technikspezifikation ("picking the winner"),
- Setzung weltmarktrelevanter Nachfragebedingungen statt landes- oder europaspezifischer Techniklösungen,
- Förderung internationaler Kooperationen zur Durchsetzung von Technologien,
- Förderung der pan-europäischen Standardisierung unter Berücksichtigung der oberen Punkte.

Die Standardisierung wird meist als herausragende Aufgabe des Staates zur Förderung der Innovationsdiffusion in der Telekommunikation angesehen (EU-Kommission 1997, Härtel, Jungnickel et al. 1996). Die europaweite Ausbreitung neuer Technologien ist gemessen an dem Heimatmarktvorteil US-amerikanischer und japanischer Systeme eine Aufgabe, die geleistet werden muß, damit europäische Technologien schnell vergleichbare Größenvorteile erreichen. Dabei ist aber zu beachten, daß US-amerikanische und japanische Unternehmen die staatliche Unterstützung bei der *Durchsetzung* von Standards oft als Benachteiligung ansehen und eigene Standards setzen. So konnte sich das europäische GSM noch nicht gegen das US-amerikanische CDMA in den USA und Asien durchsetzen, obwohl es weit ausgereifter ist als das amerikanische System. Außereuropäische Unternehmen sehen in CDMA eine Möglichkeit gegen den europäischen Block zu konkurrieren (vgl. Vitaliano 1997). Auch in Japan wird die Einführung rein europäischer Standards, die den Charakter strategischer Technologiepolitik haben, weitgehend behindert. Weltweite Standards werden dagegen dadurch begünstigt, daß *außereuropäische* Unternehmen mit einbezogen und nicht blockiert werden.

Der bisherigen FuE-Förderung von EU-Kommission und Forschungsministerium wird von den Unternehmen ein geringes Gewicht bei Forschungsentscheidungen und -erfolg beigemessen. Die großen Programme der EU, das 1995 ausgelaufene RACE und das anschließend aufgelegt ACTS-Programm, werden von den meisten befragten Unternehmen als wenig wegweisend bewertet. Der Markterfolg der dort entwickelten Lösungen ist gering. Allein die Zusammenarbeit zwischen europäischen Unternehmen, die durch die FuE-Programme initiiert wurde und Kooperationsnetzwerke geschaffen hat, wird von den Unternehmen als großes Plus der Förderung betont (siehe auch EU-Kommission 1997, A. 13). Das Beispiel GSM hat gezeigt, daß vor allem die Anwender - in diesem Fall waren es die öffentlichen Netzbetreiber - die Maßstäbe für die Technikentwicklung setzen müssen. Der unerwartete und von vielen technischen und Vermarktungsaspekten getragene Markterfolg war keine "unausbleibliche" Folge der Standardisierung.

Eine rein technikfördernde Politik und die Wissenschaftsförderung können eine zielstrebige Leitung auf den Markt hin dann nicht leisten, wenn die Technikentwicklung auf den großen Regionalmärkten unter mehreren Alternativen von den Anwendungen und Anwendern entschieden wird. Eine stärkere Einbeziehung der Anwender in die Forschungsförderprogramme ist zwar folgerichtig, übersieht aber, daß die Unternehmen selbst nicht wissen, was am Markt angenommen wird. Hier gilt das klassische Wort, daß das Wissen über die "richtige" Richtung der technischen Entwicklung allein im Markt verborgen ist und die Marktmechanismen ein Entdeckungsverfahren sind. Die Aktivierung und die Transparenz dieses Wissens durch intensiven Wettbewerb ist die Aufgabe einer effektiven Bildungs- und Technologiepolitik für eine reife Technologie, die sich wie die Telekommunikation in einem der größten Märkte weiterentwickelt.

FuE-Aktivitäten ausländischer Unternehmen in Deutschland wird der Boden bereitet, wenn es allgemein gelingt, Tochtergesellschaften ausländischer Unternehmen in Deutschland anzusiedeln, zunächst mit Produktion oder Vertriebsaktivitäten. Denn Deutschland bietet genügend Anreize, nachträglich auch höherwertige Aktivitäten wie FuE zu attrahieren. FuE-Aktivitäten sind zwar nicht unmittelbar an die Produktion gekoppelt, der Verbund mit FuE hat aber Vorteile, z.B. die Teilung von Zentralfunktionen. Dazu muß auch auf die "weichen" Standortbedingungen geachtet werden, die den ausländischen Managern und Wissenschaftlern das Leben in Deutschland erleichtert.

Als Nachteile Deutschlands für FuE-Aktivitäten im Telekommunikationsbereich werden weniger technikspezifische Punkte genannt, als vielmehr die allgemeinen Rahmenbedingungen, die in früheren Untersuchungen hervorgehoben wurden, wie z.B. das unflexible Arbeitsrecht (vgl. NIW, DIW, ISI, ZEW 1997). Dabei wird vor allem das Arbeitsrecht für ausländische hochqualifizierte Fachkräfte kritisiert. Es sei zu aufwendig und unflexibel, hochqualifizierte ausländische Wissenschaftler in Deutschland zu beschäftigen. Der internationale technische Austausch "über Köpfe" ist aber besonders wichtig. Ebenso wird die Auslandserfahrung deutscher Ingenieure schon im Studium hoch geschätzt.

Zusammenfassend kann im Bereich der Telekommunikationstechnik die Ansiedlung multinationaler Unternehmen unterstützt werden durch

- weitestgehende Marktöffnung,
- wettbewerbliche Marktstrukturen,
- "Internationalisierung" des Arbeitsmarkts,
- Einbeziehung ausländischer Unternehmen in alle Bereiche von Politik und Wirtschaft (Verbände, Standardisierungsgremien, Foren).

3. Schlußwort

Unsere Analysen bestätigen die Ergebnisse anderer Studien, daß hinsichtlich Forschung und Entwicklung der Begriff "Globalisierung" nicht zutreffend ist:[1] Nach wie vor werden in den drei Schlüsseltechnologien 95% und mehr der FuE-Aktivitäten (gemessen in Patentanmeldungen am EPA) in den Ländern der Triade Westeuropa, Nordamerika und Japan durchgeführt. FuE-Investitionen ins Ausland sind ebenfalls auf diese Regionen beschränkt. Mit zunehmender politischer Stabilität und Bedeutung der Märkte in Südostasien können diese Länder (vor allem die vier Tiger-Länder und China) zukünftig auch als FuE-Standort an Bedeutung gewinnen. Am besten kann wohl derzeit die FuE-Internationalisierung mit einer "Triadisierung der Forschung und Entwicklung" charakterisiert werden. In unseren Analysen wird ebenfalls dokumentiert, daß die Konzerne aus den westeuropäischen Ländern, insbesondere aus den kleinen Staaten, am weitesten ihre FuE-Aktivitäten internationalisiert haben, gefolgt von den großen Unternehmen aus den USA und Japan.

1 Vgl. die Zusammenstellung in CEC (1998).

Weiterhin zeigt unsere Untersuchung, daß zum einen die Einflußfaktoren auf die FuE-Standortwahl der Unternehmen zwischen den drei Schlüsseltechnologien ein unterschiedliches Gewicht besitzen. Unternehmen in der Pharmazeutik haben in der Regel ihre FuE-Aktivitäten stärker internationalisiert als Konzerne in der Halbleitertechnologie und der Telekommunikationstechnik. Da Innovationen in der Pharmazeutik stärker von wissenschaftlichen Erkenntnisse getrieben werden, spielt die Nähe zu exzellenter Forschung hier eine große Rolle bei der FuE-Standortwahl, während bei den anderen beiden Schlüsseltechnologien der lead market eine höhere Bedeutung hat. Zum zweiten wird dokumentiert, daß auch innerhalb der Technikfelder die Einflußfaktoren auf die FuE-Internationalisierung ein unterschiedliches Gewicht haben. Eine Differenzierung in Forschung und Entwicklung bestätigt sich lediglich in der Pharmazeutik (aufgrund der starken Regulierung und des daher eher linear ablaufenden Innovationsprozesses). In den anderen Technikfeldern sollte zwischen Prozeß- oder Produktentwicklung (Halbleiter) und Software- oder Hardwareentwicklung (Telekommunikation) unterschieden werden.

Diese Verschiedenheiten muß die Bildungs- und Technologiepolitik bei der Wahl ihres Ansatzes und ihrer Instrumente berücksichtigen, um die Maßnahmen effizient und effektiv zur Wirkung kommen zu lassen. Die Analyse der internationalen Innovationsstrategien der großen Unternehmen verdeutlicht, daß die Standortsicherung auf regionaler oder nationaler Ebene dann erfolgreich ist, wenn unterschiedliche Akteure von der Attraktivität des Standorts überzeugt sind und sich die verschiedenen Kompetenzen gegenseitig verstärken. Durch die Herstellung "kritischer Verknüpfungen" kann es gelingen, Leistungsverbünde in einer Region zu verankern, die einzigartig und nicht ohne weiteres transferierbar sind.

Die Förderung und Etablierung regionaler Forschungs-Agglomeration für eine ausgewählte Technologie in Deutschland bedeutet hierbei nicht zwangsläufig die Errichtung eines einzigen dominierenden Zentrums. Ein eher polyzentrischer Ansatz, der zur Bildung von zwei bis drei regionalen, untereinander verbundenen Zentren führt, hätte den Vorteil, daß zwangsläufig im Zeitverlauf eintretende Effekte der "Überhitzung" eines alleinigen Zentrums (z.B. übersteigerte Mieten oder Grundstückspreise, höhere Löhne bzw. Gehälter) vermieden werden können.

Der Zusammenhang zwischen Spezialisierung der Patentaktivitäten der Länder (RPA) und der Standortattraktivität für FuE-Investitionen multinationaler Unternehmen konnte nicht eindeutig nachgewiesen werden. Zwar machen sowohl das Spezialisierungsmaß als auch unsere Analysen die Standortschwäche Deutschlands in der Pharmazeutik deutlich. In den beiden anderen Technologien, Telekommunikation und Halbleiter, decken sich die Ergebnisse allerdings nicht: Der negative Eindruck, den die unterdurchschnittliche Patentaktivität in Deutschland erweckt, wird nicht durch die unternehmensbezogene Analyse bestärkt. Im Gegenteil: Deutschland weist aus der Sicht der Unternehmen insbesondere in der Telekommunikation eine hohe Attraktivität für die FuE ausländischer Konzerne auf. Die Beziehung von Standortattraktivität und technologischer Spezialisierung dürfte daher vielschichtiger sein. So kann ein Land, das stark auf eine Technologie spezialisiert ist, wenig attraktiv für ausländische Unternehmen sein, wenn beispielsweise allein aufgrund der Größe des Landes ein Mangel an Ingenieure besteht (z.B. Niederlande). Andererseits kann ein Land auch dann attraktiv für FuE-Aktivitäten ausländischer Unternehmen in Technikbereichen sein, die nicht zu den Stärken des Landes zählen. Hier besteht auch die Chance, in den unterdurchschnittlich vertretenen Spitzentechnologien an Anziehungskraft zu gewinnen. Spezialisierungsvorteile und Standortattraktivität können also nicht gleichgesetzt werden. Es kommt vielmehr auf die Kombination aus Marktpotential, Produktionsverbünden und Forschungsinfrastruktur an.

Abbildungsverzeichnis

Tabellenverzeichnis

Abkürzungsverzeichnis

ADLS	Asymmetric digital subscriber loop (Übertragungsprinzip zu Endkunden)
AMD	Advanced Micro Devices Inc.
AT&T	American Telephone and Telegraph Inc.
ATM	Asynchronous transfer mode (Vermittlung Datenkommunikation)
BfArM	Bundesinstitut für Arzneimittel und Medizinprodukte
BMBF	Bundesministerium für Bildung und Forschung
BMPT	Bundesministerium für Post- und Telekommunikation
CAN	Kanada
CDMA	Code devision multiple access (Codier-Verfahren der Funkübertragung)
CEC	Commission of the European Communities
DAB	Digital Audio Broadcasting (Digitales Radio)
DEU	Bundesrepublik Deutschland
DIW	Deutsches Institut für Wirtschaftsforschung
DRAM	Dynamic random access memory
DVB	Digital Video Broadcasting (Digitales Fernsehen)
EFPIA	European Federation of Pharmaceutical Industries' Associations
EITO	European Information Technology Observatory
EMEA	European Medicines Evaluation Agency
EPA	Europäisches Patentamt
ETSI	European Telecommunication Standardisation Institute
EU	Europäische Union (European Union)
FDA	Food and Drug Agency
FRA	Frankreich
FuE	Forschung und Entwicklung
GBR	Großbritannien
GCP	Good clinical practices
GSM	Global system for mobil communication (cellulare Mobilkommun.)
HDTV	High definition TV (hochauflösendes Fernsehen)
IBM	International Business Machines Inc.
IPK	Internationale Patentklassifikation
ISDN	Integrated services digital network (Sprach- und Datenübertragung)
ISI	Fraunhofer-Institut für Systemtechnik und Innovationsforschung
ITT	International Telephone and Telegraph Inc.
ITU	International Telecommunication Union
IuK	Informations- und Kommunikationstechnik

JESSI	Joint European Submicron Silicon
JETRO	Japan External Trade Organisation
JPN	Japan
KKP-$	Kaufkraftparitäten US-$
LAN	Local area network (Lokale Datennetzwerke)
LED	Light Emitting Diodes
MIP	Mannheimer Innovations-Panel
MOS	Metal Oxide Semiconductor (Metalloxidhalbleiter)
NDL	Niederlande
NEC	Nippon Electric Corporation
NIW	Niedersächsisches Wirtschaftsforschungsinstitut
Nortel	Northern Telecom
NPL	Nicht-Patentliteratur
OECD	Organisation for Economic Co-operation and Development
OST	Observatoire des Sciences et des Techniques
OTC	Over-the-Counter
PBX	Privat branch exchange (private Nebenstellenanlage)
PPP$	Purchasing Power Parities (KKP-$)
PTO	Public telephone operator (Öffentliche Telefonnetzbetreiber)
RPA	Relativer Patentanteil
SDH	Synchrone digitale Hierachie
TDMA	Time division multiple access (zeitl. Verfahren der Funkübertragung)
TI	Texas Instruments
UMTS	Universal mobil transfer system (nächste Generation nach GSM)
VFA	Verband Forschender Arzneimittelhersteller
WLL	Wireless Local Loop (Funkübertragung zum Endkunden)
WSTS	World Semiconductor Trade Statistics
ZEW	Zentrum für Europäische Wirtschaftsforschung
ZNS	Zentrales Nervensystem
ZVEI	Zentralverband der Elektrotechnischen Industrie

Literaturverzeichnis

Archibugi, Daniele, Iammarino, Simona (1997): The Policy Implications of the Globalisation of Innovation. Paper written for the ETAN Group on "Technology Policy in the Context of Internationalisation: How to Strengthen Europe's Competitive Advantage in Technology". Milano, September.

Archibugi, Daniele, Michie, Jonathan (1995): The Globalisation of Technology: A New Taxonomy. In: Cambridge Journal of Economics, Vol. 19, 121-140.

Bartlett, Christopher A., Goshal, Sumantra (1989): Managing Across Borders: The Transnational Solution, Boston.

Beise, Marian, Belitz, Heike (1997): Internationalisierung von Forschung und Entwicklung in multinationalen Unternehmen. Materialien zur Berichterstattung zur technologischen Leistungsfähigkeit Deutschlands 1996, Berlin, Mannheim.

Beise, Marian, Gehrke, Birgit, u.a. (1998): Zur regionalen Konzentration von Innovationspotentialen in Deutschland, Studie von NIW und ZEW zur technologischen Leistungsfähigkeit Deutschlands, ZEW-Dokumentation 98-09, Mannheim.

Belitz, Heike, Edler, Dietmar (1997): Gesamtwirtschaftliche und regionale Effekte von Bau und Betrieb eines Halbleiterwerks in Dresden, Untersuchung des DIW im Auftrag der Deutschen Forschungsanstalt für Luft- und Raumfahrt e.V. (DLR), Berlin.

BMPT (1996): Technische Perspektiven für die Multimedia-Zukunft in Deutschland, Bonn.

Cairncross, Frances (1997): The death of distance : how the communications revolution will change our lives, Cambridge.

Castells, Manuel, Hall, Peter (1994): Technopoles of the World - The Making of Twenty-first-century Industrial Complexes, London, New York.

Cohen, Wesley (1995): Empirical Studies of Innovative Activity. In: Stoneman, P. (ed.): Handbook of Economics of Innovation and Technological Change, Oxford, 182-264.

Commission of the European Communities (CEC) (1998): Internationalisation of Research and Technology: Trends, Issues and Implications for S&T Policies in Europe. ETAN Working Paper Prepared by an Independent Expert Working Group for the European Commission, Directorate General XII, Brussels, Luxembourg.

Cordell, Arthur (1973): Innovation and the Multinational Corporation: Some Implications for National Science Policy. In: Long Range Planning, Vol. 6, No. 3, 22-29.

Dalton, Donald H., Serapio, Manuel G. (1995): Globalizing Industrial Research and Development, U.S. Department of Commerce, Office of Technology Policy, Washington.

Dosi, Giovanni (1988): Sources, Procedures and Microeconomic Effects of Innovation. In: Journal of Economic Literature, Vol. 26, 1120-1171.

Economist (1995): Hello, Japan? Are you there?, August 12th, 60.

Economist (1996): Enter, son of Walkman, June 22nd, 74.

EITO (1997): European Information Technology Observatory 97, Frankfurt.

EU-Kommission (1997): Fünfjahresbewertung der FTE-Rahmenprogramme der Europäischen Gemeinschaft "Davignon-Bericht", EU 17644, Luxemburg.

European Commission (1995): Panorama of EU Industry 1995-96, Brussels, Luxembourg.

European Federation of Pharmaceutical Industries' Associations (EFPIA) (1996): The Pharmaceutical Industry in Figures. Key Data, Update 1996, Brussels.

Farrell, Joseph (1997): Prospects for Deregulation in Telecommunications, Speech on May 9, 1997, Federal Communication Commission, Washington, D.C.

Feldmann, Maryann, Schreuder, Yda (1996): Initial Advantage: the Origin of the Geographic Concentration of the Pharmaceutical Industry in the Mid-Atlantic Region. In: Industrial and Corporate Change, Vol. 5, No. 3, 839-862.

Flichy, Patrice (1994): TELE - Geschichte der modernen Kommunikation (Org. Une histoire de la communication moderne), aus dem Franz. v. Bodo Schulze, Frankfurt.

Florida, Richard (1997): The Globalization of R&D: Results of a Survey of Foreign-affiliated R&D Laboratories in the USA. In: Research Policy, Vol. 26, 85-103.

Gerybadze, Alexander, Meyer-Krahmer, Frieder, Reger, Guido (1997): Globales Management von Forschung und Innovation, Stuttgart.

Gerybadze, Alexander, Reger, Guido (1998): Managing Globally-Distributed Competence Centers within Multinational Corporations. A Resource-Based View. In: Research in International Business and International Relations. Leadership and Innovation in Emerging Markets (edited by Terri A. Scandura and Manuel G. Serapio), Vol. 7, Stamford/ London: JAI Press, 183-217.

Grupp, Hariolf (1990): Japan. In: Grupp, H., Schnöring; T. (Hrsg.), Band I, 141-239.

Grupp, Hariolf (1997): Messung und Erklärung des Technischen Wandels. Grundzüge einer empirischen Innovationsökonomik, Berlin, Heidelberg, New York.

Grupp, Hariolf, Schmoch, Ulrich (1992a): Wissenschaftsbindung der Technik. Panorama der internationalen Entwicklung und sektorales Tableau für Deutschland, Heidelberg.

Grupp, Hariolf, Schmoch, Ulrich (1992b): Perceptions of Scientification of Innovation as Measured by Referencing Between Patents and Papers. In Grupp, H. (ed.): Dynamics in Science-based Innovation, Berlin, Heidelberg.

Grupp, Hariolf, Schnöring, Thomas (Hrsg.) (1990): Forschung und Entwicklung in der Telekommunikation - Internationaler Vergleich mit zehn Ländern, Band I, Berlin et al.

Grupp, Hariolf, Schnöring, Thomas (Hrsg.) (1991): Forschung und Entwicklung in der Telekommunikation - Internationaler Vergleich mit zehn Ländern, Band II, Berlin et al.

Grupp, Hariolf, Soete, Luc (1993): Analysis of the Dynamic Relationship Between Technical and Economic Performances in Information and Telecommunication Sectors, Vol. I, Bericht an die Europäische Kommission, Karlsruhe, Maastricht.

Hall, Peter, Preston, Paschal (1988): The Carrier Wave - New Information Technology and the Geography of Innovation, 1846-2003, London.

Harabi, Najib (1997): Determinaten des technischen Fortschritts auf Branchenebene. Ein Überblick. ZEW Diskussionspapier Nr. 97-02, Mannheim.

Härtel, Hans-Hagen, Jungnickel, Rolf et al. (1996): Grenzüberschreitende Produktion und Strukturwandel - Globalisierung der Deutschen Wirtschaft, Hamburg.

International Telecommunication Union (ITU) (1997): World Telecommunication Development Report - Trade in Telecommunications, Genf.

JETRO (1997): The 13th Survey of European Operations of Japanese Companies in The Manufacturing Sector. Japan External Trade Organisation, September 1997.

Licht, Georg, Stahl, Harald (1997): Ergebnisse der Innovationserhebung 1996, ZEW-Dokumentation 97-07, Mannheim.

Münt, Gunnar, Grupp, Hariolf (1995): Konkordanz zwischen der internationalen Patent und Warenklassifikation, Bericht an das BMBF, Karlsruhe.

NIW, DIW, ISI, ZEW (1997): Zur technologischen Leistungsfähigkeit Deutschlands. Aktualisierung und Erweiterung 1996, Bonn.

o.V. (1997): About the Telecom Corridor, Telecom Corridor www-server, www.telecomcorridor.com.

Odagiri, Hiroyuki, Yasuda, Hideto (1996): The Determinants of Overseas R&D by Japanese Firms: An Empirical Study at the Industry and Company Levels. In: Research Policy, Vol 25, 1059-1079.

OECD (1994): Using Patent Data as Technology Indicators: Patent Manual 1994. The Measurement of Scientific and Technological Activities, Paris.

OECD (1996): Globalisation of Industry. Overview and Sector Reports, Paris

OECD (1997a): Communications Outlook, Paris.

OECD (1997b): Globalisation of Industrial Research: Background Report, Paris.

Ohmae, Kenichi (1982): Macht der Triade: Die neue Form des weltweiten Wettbewerbs, Wiesbaden.

Patel, Pari and Vega, Modesto (1997): Technology Strategies of Large European Firms. Interim Report for 'Strategic Analysis for European S&T Policy Intelligence' Project funded by EC Targeted Socio-Economic Research Programme. Brighton.

Patel, Pari, Pavitt, Keith (1992): Large Firms in the Production of the World's Technology: An Important Case of Non-Globalization. In: Granstrand, O., Håkanson, L., Sjölander, S. (eds.), Technology Management and International Business: Internationalization of R&D and Technology, Chichester, New York, Brisbane et al., 53-73.

Pehrsson, Anders (1996): International Strategies in Telecommunications - Model and Applications, London.

Pfeifer, Friedhelm, Falk, Martin (1999): Der Faktor Humankapital in der Volkswirtschaft, ZEW Wirtschaftsanalysen Band 35, Baden-Baden.

Reger, Guido (1997): Koordination und strategisches Management internationaler Innovationsprozesse, Heidelberg.

Reiß, Thomas, Hüsing, Bärbel, Hinze, Sybille (1996): Indikatoren zur Bewertung von FuE-Strategien in der pharmazeutischen Industrie, Karlsruhe.

Roberts, Edward B. (1995a): Benchmarking the Strategic Management of Technologie (I). In: Research Technology Management, Vol. 38, No. 2, 44-56.

Roberts, Edward B. (1995b): Benchmarking the Strategic Management of Technologie (II): In: Research Technology Management, Vol. 38, No. 2, 18-26.

Robinson, Ron (1995): The Telecom Corridor: Linking the World to the 21st Century. In: Commentary, March 1995.

Rosston, Gregory L., Steinberg, Jeffrey S. (1997): Using Market-Based Spectrum Policy to Promote the Public Interest, Federal Communication Commisson, Washington, D.C.

Schitag Ernst & Young (1998a): Aufbruchstimmung 1998. Der erste Report der Schitag Ernst & Young Unternehmensberatung über die Biotechnologie-Industrie in Deutschland, Stuttgart, Mai 1998.

Schitag Ernst & Young (1998b): European Life Sciences 98 - Continental Shift. The Fifth Annual Ernst & Young Report on the European Entrepreneurial Life Sciences Industry, London, April 1998.

Schmoch, Ulrich (1990a): Frankreich. In: Grupp, H., T. Schnöring (Hrsg.), Band 1, 241-314.

Schmoch, Ulrich (1990b): Wettbewerbsvorsprung durch Patentinformation, Köln.

Schnöring, Thomas, Neu, Werner (1991), Bundesrepublik Deutschland. In: Grupp, H., Schnöring, T. (Hrsg.), Band 2, 255-412.

Schwab, Rolf (1996): Die deutsche Telekommunikationsgeräteindustrie im internationalen Wettbewerb, WIK-Diskussionsbeiträge, No. 160, Bad Honnef.

Sharp, Margaret, Patel, Pari, Pavitt, Keith (1996): Europe's Pharmaceutical Industry: An Innovation Profile. Final Report Prepared for DG XIII-D-4. European Commission, Brussels, Luxembourg.

Sobol, Robert (1982): ITT - The Management of Opportunity, New York.

Sumita, Makoto (1995): Impact of Trade Policies on a Global Industry: a Case Study of the Semiconductor Industry. In: NRI Quarterly, Spring, 20-43.

The Boston Consulting Group (1995): Der Wert von Arzneimitteln und die Bedeutung der forschenden Arzneimittelhersteller für den Standort Deutschland, Düsseldorf, November 1995.

Tirole, Jean (1988): The Theory of Industrial Organisation, Cambridge, MA.

VDE-Trendanalyse (1997): Trends der Mikroelektronik und ihrer Anwendung, VDE/VDI-Gesellschaft Mikroelektronik, Mikro- und Feinwerktechnik, Frankfurt a. M.

Vitaliano, Franco (1997): TDMA vs. CDMA: How the Feds Blew It, Once Again, http://www.vxm.com/21R.62.html.

Youtie, Jan (1993): Case Study Texas Telecom Corridor. Paper Prepared for the University of Georgia Regents Research Symposium, May 18.

TECHNIK, WIRTSCHAFT und POLITIK

Schriftenreihe des Fraunhofer-Instituts
für Systemtechnik und Innovationsforschung (ISI)

Band 2: B. Schwitalla
Messung und Erklärung industrieller Innovationsaktivitäten
1993. ISBN 3-7908-0693-4

Band 3: H. Grupp (Hrsg.)
Technologie am Beginn des 21. Jahrhunderts, 2. Aufl.
1995. ISBN 3-7908-0862-8

Band 4: M. Kulicke u. a.
Chancen und Risiken junger Technologieunternehmen
1993. ISBN 3-7908-0732-X

Band 5: H. Wolff, G. Becher, H. Delpho, S. Kuhlmann, U. Kuntze, J. Stock
FuE-Kooperation von kleinen und mittleren Unternehmen
1994. ISBN 3-7908-0746-X

Band 6: R. Walz
Die Elektrizitätswirtschaft in den USA und der BRD
1994. ISBN 3-7908-0769-9

Band 7: P. Zoche (Hrsg.)
Herausforderungen für die Informationstechnik
1994. ISBN 3-7908-0790-7

Band 8: B. Gehrke, H. Grupp
Innovationspotential und Hochtechnologie
2. Aufl.
1994. ISBN 3-7908-0804-0

Band 9: U. Rachor
Multimedia-Kommunikation im Bürobereich
1994. ISBN 3-7908-0816-4

Band 10: O. Hohmeyer, B. Hüsing, S. Maßfeller, T. Reiß
Internationale Regulierung der Gentechnik
1994. ISBN 3-7908-0817-2

Band 11: G. Reger, S. Kuhlmann
Europäische Technologiepolitik in Deutschland
1995. ISBN 3-7908-0825-3

Band 12: S. Kuhlmann, D. Holland
Evaluation von Technologiepolitik in Deutschland
1995. ISBN 3-7908-0827-X

Band 13: M. Klimmer
Effizienz der computergestützten Fertigung
1995. ISBN 3-7908-0836-9

Band 14: F. Pleschak
Technologiezentren in den neuen Bundesländern
1995. ISBN 3-7908-0844-X

Band 15: S. Kuhlmann, D. Holland
Erfolgsfaktoren der wirtschaftsnahen Forschung
1995. ISBN 3-7908-0845-8

Band 16: D. Holland, S. Kuhlmann (Hrsg.)
Systemwandel und industrielle Innovation
1995. ISBN 3-7908-0851-2

Band 17: G. Lay (Hrsg.)
Strukturwandel in der ostdeutschen Investitionsgüterindustrie
1995. ISBN 3-7908-0869-5

Band 18: C. Dreher, J. Fleig, M. Harnischfeger, M. Klimmer
Neue Produktionskonzepte in der deutschen Industrie
1995. ISBN 3-7908-0886-5

Band 19: S. Chung
Technologiepolitik für neue Produktionstechnologien in Korea und Deutschland
1996. ISBN 3-7908-0893-8

Band 20: G. Angerer u. a.
Einflüsse der Forschungsförderung auf Gesetzgebung und Normenbildung im Umweltschutz
1996. ISBN 3-7908-0904-7

Band 21: G. Münt
Dynamik von Innovation und Außenhandel
1996. ISBN 3-7908-0905-5

Band 22: M. Kulicke, U. Wupperfeld
Beteiligungskapital für junge Technologieunternehmen
1996. ISBN 3-7908-0929-2

Band 23: K. Koschatzky
Technologieunternehmen im Innovationsprozeß
1997. ISBN 3-7908-0977-2

Band 24: T. Reiß, K. Koschatzky
Biotechnologie
1997. ISBN 3-7908-0985-3

Band 25: G. Reger
Koordination und strategisches Management internationaler Innovationsprozesse
1997. ISBN 3-7908-1015-0

Band 26: S. Breiner
Die Sitzung der Zukunft
1997. ISBN 3-7908-1040-1

Band 27: M. Kulicke, U. Broß, U. Gundrum
Innovationsdarlehen als Instrument zur Förderung kleiner und mittlerer Unternehmen
1997. ISBN 3-7908-1046-0

Band 28: G. Angerer, C. Hipp, D. Holland, U. Kuntze
Umwelttechnologie am Standort Deutschland
1997. ISBN 3-7908-1063-0

Band 29: K. Cuhls
Technikvorausschau in Japan
1998. ISBN 3-7908-1079-7

Band 30: J. Fleig
Umweltschutz in der schlanken Produktion
1998. ISBN 3-7908-1080-0

Band 31: S. Kuhlmann, C. Bättig, K. Cuhls, V. Peter
Regulation und künftige Technikentwicklung
1998. ISBN 3-7908-1094-0

Band 32: Umweltbundesamt (Hrsg.)
Innovationspotentiale von Umwelttechnologien
1998. ISBN 3-7908-1125-4

Band 33: F. Pleschak, H. Werner
Technologieorientierte Unternehmensgründungen in den neuen Bundesländern
1998. ISBN 3-7908-1133-5

Band 34: M. Fritsch, F. Meyer-Krahmer, F. Pleschak (Hrsg.)
Innovationen in Ostdeutschland
1998. ISBN 3-7908-1144-0

Band 35: Frieder Meyer-Krahmer, Siegfried Lange (Hrsg.)
Geisteswissenschaften und Innovationen
1999. ISBN 3-7908-1197-1

Band 36: B. Geiger, E. Gruber, W. Megele
Energieverbrauch und Einsparung in Gewerbe, Handel und Dienstleistung
1999. ISBN 3-7908-1216-1

GPSR Compliance

The European Union's (EU) General Product Safety Regulation (GPSR) is a set of rules that requires consumer products to be safe and our obligations to ensure this.

If you have any concerns about our products, you can contact us on ProductSafety@springernature.com

In case Publisher is established outside the EU, the EU authorized representative is:

Springer Nature Customer Service Center GmbH
Europaplatz 3
69115 Heidelberg, Germany

Batch number: 10815974

Printed by Printforce, the Netherlands